全家人的排毒餐全书

于雅婷 高海波 主编

江苏凤凰科学技术出版社

图书在版编目（CIP）数据

全家人的排毒餐全书 / 于雅婷，高海波主编. -- 南京：江苏凤凰科学技术出版社，2017.5
（含章. 掌中宝系列）
ISBN 978-7-5537-5612-7

Ⅰ. ①全… Ⅱ. ①于… ②高… Ⅲ. ①毒物 - 排泄 - 食谱 Ⅳ. ①TS972.161

中国版本图书馆CIP数据核字(2015)第257655号

全家人的排毒餐全书

主　　编	于雅婷　高海波
责任编辑	樊　明　葛　昀
责任监制	曹叶平　方　晨
出版发行	凤凰出版传媒股份有限公司 江苏凤凰科学技术出版社
出版社地址	南京市湖南路1号A楼，邮编：210009
出版社网址	http://www.pspress.cn
经　　销	凤凰出版传媒股份有限公司
印　　刷	北京文昌阁彩色印刷有限责任公司
开　　本	880mm × 1 230mm　1/32
印　　张	14
字　　数	380 000
版　　次	2017年5月第1版
印　　次	2017年5月第1次印刷
标准书号	ISBN 978-7-5537-5612-7
定　　价	39.80元

前言

现代生活节奏加快，快餐化的饮食、环境污染、电子产品辐射、工作压力大、紧张情绪，等等，都会增加我们体内毒素的堆积。毒素没有分解并滞留在人体内，会减弱人体的心脏功能，加重精神负担，从而导致各种疾病。

从复杂内脏到单一的皮肤细胞，只有全部正常发挥自己的功能，才能维持人体的健康。健身与排毒，是内养与外排兼具的身体调理方式。排毒的方法有很多，除了合理安排生活、远离污染、调节情绪外，还需要通过健康饮食促进健身排毒。吃好才会健康，吃对才会强壮，无毒一身轻松。

为此，我们结合了众多营养专家和中医师的意见，特别编著了此书，主要是告诉大家“吃什么，怎么吃”，通过饮食调理，来达到保养身体的目的。了解一些相关常识，有助于你更有针对性地护理身体。

本书精心优选多道功效非凡的健身排毒食谱，为您打造最安全、最实用的健身排毒饮食计划。上百道健身排毒美食，按功效分为增强体质、强筋壮骨、提神健脑、滋阴壮阳、清理肠道、淋巴排毒、美颜排毒、保肝解毒、肾脏排毒，为您健康添加无限动力，让您的身体毒素大清空。

每道美食都为您详解制作时间、口感、食谱功效、小贴士，通俗易懂，简单易行，让您迅速远离毒素的困扰，身体轻盈，精神焕发，由内到外重塑健康与美丽！

第一章 增强体质这样吃

目录

第二章 强筋壮骨这样吃

第三章
提神健脑这样吃

第四章
滋阴壮阳这样吃

第五章 清理肠道这样吃

第六章
淋巴排毒这样吃

第七章
美颜排毒这样吃

第八章
保肝解毒这样吃

第九章
肾脏排毒这样吃

阅读导航

高清美图

为每道菜品配备高清的彩色图片，给您带来视觉上的享受。

营养功效

简单明了地分析每一道菜品的营养价值以及常食用本品所能产生的良好功效。

食材介绍

直观地列出了制作此菜所需要的主要材料及配料。

家常鸭血

15分钟
香滑细腻
解毒补血

本菜品香滑细腻，口感极佳，常食具有健脾养胃、清肺生津、补血解毒、增强免疫力的功效。

主料

鸭血300克
甜豆10克
黑木耳10克
红甜椒10克
笋10克
水淀粉适量

配料

豆瓣酱适量
糖适量
油适量
香油适量

做法

1. 将鸭血洗净，切丁后焯水，冲净。
2. 将甜豆、黑木耳均洗净。
3. 将红甜椒、笋均洗净，切块。
4. 锅置火上，加入油，下豆瓣酱、糖、红甜椒煸香。
5. 放入鸭血、甜豆、黑木耳、笋烧入味，用水淀粉勾芡，淋入香油，装盘即可。

小贴士

选购鸭血的时候首先看颜色，真鸭血呈暗红色，而假鸭血则一般呈咖啡色。

350 全家人的排毒餐全书

食谱名称

对所用食材进行高度概括，让读者可以快速检索到想要吃的菜品。

食谱小档案

列出了完成此菜品所需要的时间，以及此菜品的口味和它所能达到的保健效果。

甘蔗鸡骨汤

本汤品鲜甜可口，常食具有清热解毒、滋阴润燥、解毒明目、防癌抗癌的功效。其中的苦瓜还有抗病毒、提高机体免疫力等作用。

主料

甘蔗 200 克
苦瓜 200 克
鸡胸骨 100 克

配料

盐适量

做法

1. 将鸡胸骨放入滚水中汆烫，捞起冲净，再置入干净的锅中，加入适量清水及洗净后切小段的甘蔗，先以大火煮沸，再转小火续煮 1 小时。
2. 将苦瓜洗净对半切开，去除籽和白色薄膜，再切块，放入锅中续煮 30 分钟。
3. 加入盐拌匀即可食用。

小贴士

脾胃虚寒、胃腹寒疼者不宜食用甘蔗。

食谱介绍

包括做法和小贴士。列出了制作此菜品的详细步骤，介绍了与此菜品有关的烹饪技巧和知识。

淋巴排毒这样吃 351

增强免疫力，你吃对了吗

1 水产品

海参：性味甘温，有补肾益精、养血润燥的功效，既是美味食物，又是滋补良药。

鱼鳔：指石首鱼、鲟鱼、鳇鱼的鱼鳔。鱼鳔性味甘平，有补肾养精、滋阴补血的功效。鱼鳔主要用于癌症治疗的辅助滋养调理，可加入适量的人参和肉类同煮。

乌龟：性味甘咸平，有滋阴养血的功效。用乌龟加沙参、冬虫夏草、猪瘦肉熬汤，调味服食，既是美味菜肴，又有补血养阴、大补虚损的功能。

2 乳品

牛奶：性味甘平，有补虚损、益脾胃、生津液的功效。牛奶的蛋白质中几乎含有人类所需的全部氨基酸。

羊奶：性味甘温，有补虚养血的功效。其中山羊奶、绵羊奶的脂肪及蛋白质含量最高。

3 食用菌

猴头菇：性味甘平，有扶正补虚、健脾养胃的功效。用猴头菇配合肉类煮食，既对贲门癌、肠癌等消化道肿瘤有辅助治疗作用，也是美味佳肴。

香菇：性味甘平，有养胃益气的功效。香菇中含有一种香菇多糖成分，能增强机体的细胞和体液免疫功能。香菇也可配合鱼、肉类煮食，扶正补气。

银耳：性味甘淡平，有润肺养胃、滋阴生津的功效，是一种理想的清润滋补品。

补益身体的四类食物

1 蔬菜类

菜花：含有丰富的维生素 C、β－胡萝卜素以及钾、镁等人体不可或缺的营养成分。菜花性平味甘，有强肾壮骨的作用，长期食用可以有效减少心脏病的发生概率，同时菜花也是全球公认的最佳抗癌食品，男性常食此菜，可有效地预防前列腺癌。

韭菜：又叫起阳草、懒人菜、长生韭、扁菜等。韭菜不仅质嫩味鲜，营养也很丰富。韭菜还是一味传统的中药，自古以来广为应用。韭菜籽为激性剂，有固精、助阳、补肾、治带、暖腰膝等作用，适用于阳痿、遗精、多尿等疾患的辅助治疗。

2 禽蛋类

鹌鹑：俗话说："要吃飞禽，还数鹌鹑。"鹌鹑肉嫩味香而不腻，一向被列为野禽上品。鹌鹑肉不仅味鲜美，营养丰富，还含有多种无机盐、卵磷脂、激素和多种人体必需的氨基酸。鹌鹑的肉和蛋，是很好的补品，有补益强壮的作用。

乌鸡：乌鸡肉含有黑色素、蛋白质、B 族维生素等 18 种氨基酸和 18 种微量元素，是营养价值极高的滋补品，被人们称为"黑了心的宝贝"。食用乌鸡可以提高生理机能、延缓衰老、强筋健骨，对防治骨质疏松、妇女缺铁性贫血症等有明显功效。所以，乌鸡是补虚养身的佳品。

鸡蛋：鸡蛋是蛋白质丰富的营养载体，是恢复元气最好的还原剂。

3 肉类

驴肉：驴肉味道鲜美，是一种高蛋白、低脂肪、低胆固醇肉类。中医认为，驴肉性味甘凉，有补气养血、滋阴壮阳、安神祛烦的功效。驴肾性味甘温，有益肾壮阳、强筋壮骨的功效，可治疗阳痿不举、腰膝酸软等症。

羊肾：又名羊腰子，含有丰富的蛋白质、脂肪、维生素 A、维生素 E、钙、铁、磷等。其性味甘温，有生精益血、壮阳补肾的功效。羊肾补虚损、阴弱，壮阳益肾，适宜肾虚阳痿者食用。

狗肉：狗肉性味甘咸温，具有益脾和胃、滋补壮阳的作用。狗肉多食易上火，患热病及阳盛火旺者不宜食用。

4 水产类

泥鳅：泥鳅含优质蛋白质、脂肪、维生素 A、维生素 B_1、烟酸、铁、磷、钙等。其性味甘平，有补中益气、养肾生精的功效，对调节性功能有较好的作用。泥鳅中含一种特殊蛋白质，有促进精子形成的作用。成年男子常食泥鳅可滋补强身。

虾：虾味道鲜美，是补益和药用作用都较高的壮阳食物。其性味甘咸温，有壮阳益肾、补精通乳之功。凡久病体虚、气短乏力、不思饮食者，都可将其作为滋补食物。常食虾，有强身壮体之功效。

牡蛎：又称蛎蛤、生蚝，含有丰富的锌元素及铁、磷、钙、优质蛋白质、糖类等多种营养素。其性味咸微寒，有滋阴潜阳、补肾涩精的功效。男子常食牡蛎可提高性功能及精子的质量，对男子遗精、虚劳乏损、肾虚阳痿等病症有较好的辅助治疗功效。

海鱼：深海鱼类不仅可以保护心脏，促进血液循环，还可以增强人体免疫系统，减少男性患癌症的概率。

身体排毒三法则

1 戒掉咖啡因

咖啡对人体的影响长久以来备受争议。许多医生认为除了孕妇和高血压患者，一般人一天喝 1~2 杯咖啡并不会对人体产生大伤害。但睡前饮用咖啡对睡眠状态会造成不良影响。

如果要完全戒掉嗜咖啡的习惯，最好选择逐渐减少咖啡的摄入量。若以前习惯一天喝 5 杯咖啡，不妨从每 2~3 天减少 1 杯的摄取量开始，逐渐减缓戒除过程中的不适。另一个做法是减少咖啡因的浓度，循序渐进地减少咖啡的分量。如果你喝咖啡只是因为习惯在浓郁的香气中迎接一天的开始，那么，不妨尝试用一杯温热的柠檬水来代替咖啡。

2 和高糖食物说再见

多数人先天对高糖食物有着无法抗拒的兴奋和喜爱，这是因为吃甜食会刺激神经末梢，让我们感到兴奋，功用几乎与吗啡相当。甜食中只有极少的抗氧化剂，而抗氧化剂可以协助移除体内在氧化过程中产生的废物，这些废物不但与心血管疾病有极大关联，也是导致癌症与其他疾病的关键。

专家建议，每餐喝一杯略带苦味的茶，如用菊苣或牛蒡根所煮的苦茶，可以逐渐减少对高糖食物的依赖。另外，当对甜食的渴望难以忍受时，可改用几片水果来解馋，例如苹果、梨子等水果。这些水果中含有大量的纤维素，能延缓体内碳水化合物分解成糖分的速度。

3 远离坏脂肪

目前为止，我们知道并非所有脂肪都对身体有害，单不饱和脂肪酸和多不饱和脂肪酸，如橄榄油、坚果、鱼、亚麻子仁当中的脂肪，都是人体运作过程中不可或缺的，甚至能预防某些疾病。减重饮食中的“拦路虎”是饱和脂肪酸，主要存在于牛肉、猪肉、鸡、鸭、鹅等家畜家禽以及全脂牛奶制品里，还有所谓的反式脂肪酸。为了保持植物油在高温油炸时的稳定性，必须经过一道氢化程序，在这过程中便会产生反式脂肪酸，留存在食品中，身体无法轻易将它们代谢掉。如果你是全脂牛奶的忠实爱好者，一时之间无法改掉这习惯，建议试试以下的新体验：将全脂牛奶换成低脂牛奶，连续饮用一周，接着下一周不喝脱脂牛奶，这么一来，你的味蕾将会适应这个浓度与口感，就能成功地与全脂牛奶说再见了。

简单又彻底的五脏排毒法

1 肝脏排毒法

吃青色食物排毒。按中医五行理论，青色的食物可以通达肝气，起到很好的疏肝、解郁、缓解情绪的作用，属于帮助肝脏排毒的食物。中医专家推荐青色的橘子或柠檬，连皮做成青橘果汁或是青柠檬水，直接饮用。

按压肝脏排毒要穴。这是指太冲穴，位置在足背第一、二跖骨结合部之前的凹陷中。用拇指按揉 3 ~ 5 分钟，感觉轻微酸胀即可。按压这个穴位不要用太大的力气，两只脚交替按压。

2 心脏排毒法

“吃苦”排毒。首推莲子芯，它味苦，可以发散心火，虽然有寒性，但不会损伤人体的阳气，所以一向被认为是最好的化解心脏热毒的食物。可以用莲子芯泡茶，不妨再加些竹叶或生甘草，能增强莲子芯的排毒作用。

按压心脏排毒要穴。这是指少府穴，位置在手掌心，第四、五掌骨之间，握拳时小指与无名指指端之间。按压这个穴位不妨用些力，左右手交替。

3 脾脏排毒法

吃酸助脾脏排毒。例如乌梅、醋，这是用来化解食物中毒素的最佳食品，可以增强胃肠的消化功能，使食物中的毒素在最短的时间内排出体外。同时酸味食物还具有健脾的功效，可以很好地起到抗毒排毒的功效。

按压脾脏排毒要穴。这是指商丘穴，位置在内踝前下方的凹陷中，用手指按揉该穴位，保持酸重感即可，每次 3 分钟左右，两脚交替做。另外，饭后走一走，多运动可以帮助脾胃消化，加快毒素排出的速度，不过，需要长期坚持，效果才会更好。

4 肺脏排毒法

吃萝卜排毒。萝卜是清肺的上佳食物。在中医眼中，大肠和肺的关系最密切，肺排出毒素程度取决于大肠是否通畅，萝卜能帮助大肠排泄宿便，生吃或拌成凉菜都可以。

吃百合排毒。百合可提高肺脏的抗毒能力。肺脏向来不喜欢燥气，在燥的情况下，容易积累毒素。百合有很好的养肺滋阴的功效，可以帮肺脏抗击毒素，食用时加工时间不要过长，否则百合中的汁液会减少，防毒效果要大打折扣。

按压肺脏排毒要穴。有利肺脏的穴位是合谷穴，位置在手背上虎口处，第一、二掌骨间，可以用拇指和食指捏住这个部位，用力按压。

排汗解毒。肺影响着皮肤，所以痛痛快快地出一身汗，让汗液带走体内的毒素，会让我们的肺清爽起来。

深呼吸排毒。每次呼吸时，肺内都有残余的废气无法排出，这些废气相对于那些新鲜、富含氧气的空气来讲，也是一种毒素。只需几个深呼吸，就能减少体内废气的残留。

5 肾脏排毒法

吃冬瓜排毒。冬瓜富含汁液，进入人体后会刺激肾脏增加尿液，排出体内的毒素。食用时可用冬瓜煲汤或清炒，味道尽量淡一些。

吃山药排毒。山药虽然可以同时滋补很多脏器，但以补肾为主，经常吃山药可以增强肾脏的排毒功能。

按压肝脏排毒要穴。这是指涌泉穴。涌泉穴位置在足底的前 1/3 处（计算时不包括足趾），这是人体最低的穴位，如果人体是一幢大楼，这个穴位就是排污下水管道的出口，经常按揉它，排毒效果明显。这个穴位比较敏感，不要用太大的力度，稍有感觉即可，以边按边揉为佳，持续 5 分钟左右即可。

排毒注意事项

1 正常人不需要依靠药物排毒

正常人是否需要排毒。是否人人都需要排毒呢？如果目前尚没有因毒素而引起不适感，是否也要排毒以防患于未然呢？其实，现在大部分购买和服用排毒药品的都属于健康的人。健康的人体内没有毒或者毒素很少，是不需要刻意排毒的。人体是一个自我调节的系统，有进有出保持平衡。我们每个人每天除了通过排便来排出体内废物外，出汗、呼气、分泌唾液、呕吐等都可以排毒。体内还可以通过肝脏将血液中的有害物质变成无毒或低毒物质，通过肺排出二氧化碳，通过肾脏以尿液的形式将毒素排出体外，维持人体的代谢平衡。所以，大多数人只要精力充沛、适度运动、饮食睡眠正常，就不需要靠药品、保健品排毒。

2 滥用排毒产品反而有害

现在市场上比较流行的排毒药物多为中药，它们的主要成分是大黄、芒硝、芦荟等，在中药里边，这些都是泻药，能起到帮助通便的作用。不要认为中药就没有副作用，是药三分毒，尤其是以“泻”为主的排毒药物，对胃肠等功能有较大的损害，长期服用会让肠道反射功能、敏感性降低，肠蠕动的力量减弱，消化功能受损，影响对食物的消化吸收，造成营养不良等后果。一些排毒药物中含大量的大黄成分，如果长期服用，容易引起继发性便秘，也就是说，可能形成依赖，一旦停药，便秘又会出现了。

3 清洗器官是治病不是排毒

目前，打着“排毒”旗号的除了药物和保健品，还有一些所谓的器官清洗疗法，比如洗肠、洗肺、洗肾等，这些用来治疗疾病的办法真的能用于美容、保健吗？洗肺是治病手段。有的广告鼓吹洗肺可洗去肺上的烟垢、污物，许多“老烟枪”纷纷到医院打听。洗肺是医院用来治疗肺泡蛋白沉积症、硅肺、尘肺等职业性肺病的一种手段，并不是针对烟民设计的养生方案，烟民别拿这招当保健术。另外，这种手术对医疗设备、急救措施要求相当高，并非街头小巷诊所能够进行的。洗肾是针对“尿毒症”患者的。现在社会上流行“洗肾排毒”，说肾为“先天之本”“生命之源”，“洗肾”可让肾脏高效、快速排毒。其实，医疗上的洗肾并不是用来保健养生，而是一种肾脏替代疗法，也就是通俗意义上的透析疗法，它通常只是针对肾功能不全者的一种补救治疗措施。洗肠是用来治疗肠道疾病的。民间有种说法：要长生，肠常清。许多商家以这为噱头，宣传洗肠的好处，例如可减肥、排毒、养颜，真的是这样吗？有专家介绍，洗肠在医院通常用来治疗便秘、溃疡性肠炎及肠梗阻。不管怎样，洗肠方式只能起到通便、排宿便的作用，可以暂时缓解便秘，但单纯依靠洗肠根治慢性病根本不可能。

4 运动加合理饮食排毒效果最佳

最佳的排毒方式还是启动自身的“机制”：多喝水，多排尿，多运动，多出汗，提高代谢机能；多吃粗粮蔬果，保证定时排便，这才是没有副作用的排毒妙方。运动是最好的排毒大法，合理运动能加快人体新陈代谢，帮助皮肤和肺脏排毒。散步、慢跑、骑自行车、登山、游泳等，对于胃肠蠕动功能都有一种加速作用，会使血液循环增快。同时，运动后往往要喝水，通过小便等更有利于“毒素”排出体外。此外，桑拿、药浴、针灸、推拿按摩、拔罐、静坐等也都是排毒良方。除了运动、饮食和中医疗法之外，充足的睡眠以及情绪的释放也是很重要的排毒方式。

第一章

增强体质这样吃

免疫力是指机体抵抗外来侵袭、维护体内环境稳定性的能力，是体质的重要指标。空气中充满的各种微生物都可能成为病原体，因此要增强人体的免疫力。日常饮食调理是提高人体免疫能力的最理想方法。

椒丝包菜

8分钟
鲜嫩可口
增强免疫力

本菜品脆嫩爽口、鲜香美味，常食具有清热益气、滋润脏腑、强筋壮骨、增强免疫力的功效。

主料

包菜 350 克
红甜椒 50 克
姜 20 克

配料

盐 3 克
油适量

做法

1. 将包菜洗净，切长条；将红甜椒洗净，切丝；将姜去皮，洗净，切丝。
2. 炒锅注油烧热，放入姜丝煸香，倒入包菜翻炒，再加入红椒丝同炒均匀。
3. 加盐调味，起锅装盘即可。

小贴士

肥胖者和糖尿病患者适宜食用此菜品。

酸味娃娃菜

本菜品外形美观。娃娃菜营养丰富，粉丝柔润嫩滑，搭配食用，不仅爽口宜人，还有养胃生津、利尿通便、增强体力等良好的功效。

主料

娃娃菜 350 克
粉丝 200 克
酸菜 80 克
葱 15 克
红甜椒 20 克

配料

盐 3 克
红油适量
蚝油适量
生抽适量

做法

1. 将娃娃菜洗净，切成四瓣，装盘。
2. 将粉丝泡发，洗净，置于娃娃菜上。
3. 将酸菜洗净切末，置于粉丝上。
4. 将红甜椒、葱洗净，切末，撒在酸菜上。
5. 将盐、生抽、蚝油、红油调成味汁，淋在娃娃菜上。
6. 将盘子置于蒸锅中，蒸 8 分钟即可。

小贴士

娃娃菜富含钾，体内缺钾的人群可以多吃。

牛肉豆腐

15分钟
鲜香可口
补虚益气

豆腐能降低血脂、补虚益气、益智健脑；牛肉能补中益气、滋养脾胃、强健筋骨。搭配食用，效果更佳。

主料

豆腐200克
牛里脊肉200克
葱适量
红甜椒丝适量

配料

豆瓣10克
盐3克
料酒适量
油适量

做法

1. 将牛里脊肉洗净，切粒。
2. 将豆腐上笼蒸熟。
3. 将葱洗净，切段。
4. 锅中注油，烧热，放入牛里脊肉粒爆炒，加入豆瓣，烹入料酒，加入盐、葱段煮开，盛在蒸好的豆腐上，撒上红甜椒丝即可。

小贴士

牛肉不适宜食用太多，一周食用一次牛肉即可。

牛杂炖土豆

70 分钟
鲜香可口
补虚强身

本菜品汤浓味美，鲜香可口，常食具有凉血平肝、美容养颜、补虚强身、延缓衰老的功效。

主料

牛喉管 300 克
西红柿 50 克
土豆 70 克
姜 1 块
葱段 5 克
高汤适量

配料

盐 5 克
油适量

做法

1. 将土豆洗净后去皮，切滚刀块。
2. 将西红柿洗净，切块。
3. 将姜去皮，洗净后切片。
4. 锅中注水烧开，放入牛喉管焯烫，捞出后沥干水分。
5. 锅中油烧热，爆香姜片、葱段，放入牛喉管、高汤大火煮开，放入土豆、西红柿，转用小火炖 1 个小时，调入盐即可。

小贴士

烹制西红柿时应避免长时间高温加热。

卤五花肉

45 分钟
鲜香软烂
抵抗病毒

五花肉能补肾养血、滋阴润燥；生菜能消脂减肥、抵抗病毒，搭配食用，效果更佳。其中的生菜对人的消化系统也大有益处。

主料

带皮五花肉 450 克
红甜椒碎适量
生菜适量

配料

油适量
酱油适量
料酒适量
冰糖适量
八角适量

做法

1. 将五花肉洗净，放入开水中煮熟，捞起沥干，再放入热油锅中炸至表皮呈淡金黄色。
2. 将生菜洗净撕片备用。
3. 锅中放入酱油、料酒、冰糖、八角、水及五花肉煮开，改小火卤至熟烂，捞出切片，盛入盘中，撒上红甜椒碎，放入生菜即可。

小贴士

生菜以棵体整齐、叶质鲜嫩、无虫害和烂叶者为佳。

白菜包肉

20 分钟
香滑可口
补虚强身

本菜品香滑可口，常食具有补虚强身、滋阴润燥、补血养血、延缓衰老的功效。其中的白菜还能起到润肠通便、促进排毒的作用。

主料

白菜 300 克
猪肉馅 150 克
葱花适量
姜末适量
淀粉适量
高汤适量

配料

盐 3 克
酱油适量

做法

1. 将白菜择洗干净。
2. 将猪肉馅加上葱花、姜末、盐、酱油、淀粉搅拌均匀。
3. 将调好的肉馅放在白菜叶中间，包成长方形。
4. 将包好的肉放入盘中，加入高汤，入蒸锅用大火蒸 10 分钟即可食用。

小贴士

白菜上可能含有农药、病菌等，最好用自来水冲洗干净。

糖醋里脊肉

25分钟
皮酥肉嫩
补虚强身

本菜品色泽鲜亮，皮酥肉嫩，肉香浓郁，常食具有补肾养血、滋阴润燥、健脾开胃、补虚强身的功效。

主料

里脊肉90克
淀粉适量
面粉适量
泡打粉适量

配料

盐2克
番茄酱5克
白糖5克
白醋适量
油适量

做法

1. 将里脊肉洗净，切条，均匀地裹上由淀粉、面粉、泡打粉调成的粉糊。
2. 将锅中油烧热，放入肉条炸至金黄色，捞出，沥油后摆入盘中。
3. 将所有调味料放入锅中，煮开调匀成味汁，淋在盘中即成。

小贴士

炸肉条时，油温一定要够高才下锅。

金城宝塔肉

150 分钟
鲜香味美
增强免疫力

本菜品汤色鲜美，风味绝佳，常食具有保肝护肝、补身强体、防癌抗癌、增强免疫力的功效。

主料

五花肉 400 克
西蓝花 50 克
荷叶饼 6 张
淀粉 10 克
芽菜适量

配料

老酱汤适量

做法

1. 将五花肉洗净，入老酱汤中煮至七成熟；将西蓝花洗净，焯水待用。
2. 将煮熟的五花肉用滚刀法切成片，放入碗中，放上芽菜，淋上老酱汤，入蒸笼蒸 2 小时。
3. 将肉扣在盘中，用西蓝花围边，原汁用淀粉勾芡，淋在盘中，与荷叶饼一同上桌即可。

小贴士

吃猪肉时最好与豆类食物搭配，营养更丰富。

梅干菜烧肉

25 分钟
油而不腻
滋阴润燥

本菜品色泽红褐，肉质酥烂，油而不腻，常食具有生津开胃、润肠通便、滋阴润燥、延缓衰老的功效。

主料

五花肉 450 克
梅干菜 160 克
上海青 100 克
蒜片适量

配料

油适量
盐适量
酱油适量
冰糖适量

做法

1. 将梅干菜洗净，切碎；将上海青洗净，焯熟后摆盘。
2. 将五花肉洗净，用盐、酱油腌渍，入油锅炸至表面呈金黄色，捞出切片。
3. 起油锅，爆香蒜片，放入梅干菜翻炒，加入适量水煮开，再加入五花肉片及冰糖，转小火焖煮至熟烂，盛入上海青盘中即可。

小贴士

上海青以颜色嫩绿、新鲜肥美、叶片有韧性者为佳。

家常红烧肉

130 分钟
鲜香软嫩
补虚强身

本菜品色泽油亮，肉片滑软，蒜味浓郁，常食具有健脾益胃、滋润肌肤、滋阴润燥、补虚强身的功效。

主料

五花肉 300 克
蒜苗 50 克
红椒适量
姜片适量
蒜适量

配料

油适量
盐适量
老抽适量

做法

1. 将五花肉洗净，切方块。
2. 将蒜苗洗净后切段。
3. 将五花肉块放入锅中煸炒出油，加入老抽、红椒、姜片、蒜和适量清水煮开。
4. 盛入砂锅中炖 2 小时收汁，放入蒜苗，加盐调味即可。

小贴士

应选用叶色鲜绿、辣味较浓且没有黄叶、烂叶的蒜苗。

走油肉

70 分钟
酥烂鲜香
补虚强身

本菜品色泽红润，酥烂鲜香，酥而不腻，常食具有滋阴养血、补肾填精、补脾和胃的功效。

主料

猪肋条肉 450 克
西蓝花 120 克
葱段适量
姜片适量

配料

酱油适量
盐适量
白糖适量
料酒适量
油适量

做法

1. 将猪肋条肉洗净后切块，下入油锅炸至金黄，捞出后沥油；将西蓝花洗净，掰小朵后焯水摆盘。
2. 将葱段、姜片用纱布包好，放入锅底，上面摆肉，在肉上加盐、酱油、料酒，大火蒸至皮面稍酥烂。
3. 加入白糖、酱油，再烧煮 20 分钟，装盘即可。

小贴士

食用猪肉后不宜大量饮用茶水，因为茶水中的鞣酸会使肠蠕动减慢。

芽菜五花肉

150 分钟
香滑软糯
增强免疫力

本菜品条细质嫩，咸鲜回甜，香滑软糯，常食具有提神醒脑、解除疲劳、宽肠通便、补虚强身的功效。

主料

五花肉 300 克
芽菜 50 克
姜 10 克
蒜 8 克

配料

盐适量
酱油适量
醋适量
油适量

做法

1. 将五花肉洗净，入沸水锅煮熟；将芽菜洗净；将姜、蒜去皮，洗净后切末。
2. 将五花肉皮用酱油上色，入油锅中将肉皮炸至金黄色，捞出沥油，切成片。另起油锅，爆香姜、蒜末，加入芽菜炒香，盛出。
3. 将肉片摆入碗中，上放芽菜，调入盐和少许醋，入锅蒸 2 小时，取出反扣在盘中即可。

小贴士

芽菜含盐分重，所以高血压、肾病患者应慎食此菜。

京酱肉丝

20 分钟
酱香浓郁
滋阴润燥

本菜品酱香浓郁，风味独特，常食具有健胃开脾、润燥生津、增强记忆力、滋阴补虚的功效。

主料

猪里脊肉 300 克
淀粉适量
葱丝适量

配料

甜面酱 6 克
酱油适量
料酒适量
油适量

做法

1. 将猪里脊肉洗净后切丝，用酱油、淀粉拌匀。
2. 将油锅烧热，放入猪里脊肉快速拌炒 1 分钟，盛出。
3. 将余油继续加热，加入甜面酱、水、料酒、酱油炒至黏稠状，再加入肉丝炒匀，盛入盘中，撒上葱丝即可。

小贴士

处理里脊肉时，应先除去连在肉上的筋和膜。

干盐菜蒸肉

30 分钟
浓郁香滑
增强免疫力

本菜品咸中带甜，常食具有开胃消食、醒脾和中、滋阴润燥、增强免疫力的功效。

主料

五花肉 300 克
干盐菜 150 克
欧芹适量

配料

盐适量
酱油适量
辣椒酱适量
白糖 3 克

做法

1. 将五花肉洗净，切片；将干盐菜洗净，切碎；将欧芹洗净待用。
2. 将五花肉加入清水、盐、酱油、辣椒酱、白糖煮至上色，捞出。
3. 将干盐菜置于盘底，放上五花肉，入蒸锅蒸 20 分钟，取出后撒上欧芹即可。

小贴士

不宜用大火猛煮，否则肉块不易煮烂。

沙茶羊肉煲

60分钟
汤浓味美
补虚强身

鱼肉能滋补健胃、养肝补血；茼蒿能降低血压、清血养心；豆腐能益气补虚、防癌抗癌。搭配食用，效果更佳。

主料

羊肉 200 克
蟹肉棒 100 克
鱼丸 100 克
炸鹌鹑蛋 200 克
茼蒿 200 克
豆腐 100 克
葱段 20 克

配料

盐适量
沙茶酱适量
酱油适量
料酒适量

做法

1. 将豆腐洗净后切块；将羊肉、鱼丸、蟹肉棒、茼蒿分别洗净。
2. 锅中加水，烧开，下入羊肉及盐、酱油、料酒煮熟，捞出切片。
3. 锅中继续加热，放入豆腐、蟹肉棒、鱼丸及鹌鹑蛋，加水煮开，盛入煲锅，再加入茼蒿、羊肉及葱段，小火慢炖 40 分钟，食用时蘸沙茶酱即可。

小贴士

茼蒿比较适合冠心病、高血压患者食用。

口耳肉

60分钟
爽脆鲜香
滋阴润燥

本菜品造型美观，爽脆鲜香，常食具有补气养血、健脾开胃、滋阴润燥、补血养虚的功效。

主料

猪舌100克
猪耳150克
香菜适量
黄瓜片适量

配料

蒜蓉酱适量
酱油适量
香油适量
盐适量
卤汁适量

做法

1. 将猪舌、猪耳分别刮洗干净；将香菜洗净备用。
2. 将猪舌和猪耳叠卷成卷，用纱布裹紧，放入卤汁锅中卤熟，取出用重物压紧。
3. 拆掉纱布，切成片，摆入放有黄瓜片的盘中，将所有调味料调成汁，淋在上面，撒上香菜即可。

小贴士

猪舌含有较高的胆固醇，故胆固醇偏高的人都不宜食用猪舌。

珍珠丸子

30 分钟
香糯可口
强身壮体

本菜品造型美观，香糯可口，常食具有补中益气、健脾养胃、养血固精、强身壮体的功效。

主料

糯米 150 克
猪绞肉适量
虾米 50 克
荸荠 60 克
葱末适量
姜末适量
淀粉适量

配料

盐适量
料酒适量
油适量

做法

1. 将虾米泡发后洗净，切碎。
2. 将荸荠去皮，洗净后切碎。
3. 将糯米洗净，泡软后沥干。
4. 将猪绞肉、虾米、荸荠、葱末、姜末、盐、料酒、淀粉及水调拌匀，挤成丸子，裹上糯米，放入抹上油的蒸盘，蒸熟即可。

小贴士

与大米相比，糯米的消化速度快，但是消化不完全。

纸包牛肉

22 分钟
酥嫩鲜香
强筋壮骨

本菜品具有补脾益胃、润肺止咳、益气养血、强筋壮骨的功效。其中的芹菜有清热解毒、祛病强身的作用。

主料

牛肉粒 400 克
芹菜粒 400 克
鸡蛋液适量
威化纸适量
红椒粒适量
葱花适量
姜末适量
面包糠适量

配料

盐适量
油适量

做法

1. 将牛肉粒加入芹菜粒中，放入适量葱花、姜末、盐，调匀成肉馅。
2. 取威化纸，将肉馅放在纸上，摊开，折起来成饼，然后拖鸡蛋液，拍上面包糠。
3. 放入热油锅中小火炸至金黄色，捞出控油后，摆在盘子四周。
4. 撒上剩余葱花、红椒粒即可。

小贴士

应选用梗短而粗壮、菜叶翠绿不枯黄的芹菜。

土豆烧肥牛

18 分钟
鲜香可口
增强免疫力

本菜品具有益气养血、补虚养身、调和脏腑、防癌抗癌的功效。其中的蒜薹富含维生素 C，有明显的降低血脂、预防冠心病的作用。

主料

肥牛 180 克
土豆 150 克
蒜薹 80 克
红甜椒片适量

配料

油适量
盐适量
酱油适量

做法

1. 将肥牛洗净切块；土豆洗净，去皮切块；将蒜薹洗净，切段。
2. 将油锅烧热，放入肥牛肉煸炒，至肉变色时捞出。
3. 锅内留油，加入土豆炒熟，放入肥牛肉、红甜椒片、蒜薹炒香，下入盐、酱油调味，盛盘即可。

小贴士

蒜薹不宜烹制得过烂，以免辣素被破坏，杀菌作用降低。

豌豆烧牛肉

15 分钟
鲜香美味
延年益寿

牛肉能补脾健胃、益气养血；豌豆能滋补强壮、延年益寿；红甜椒能温中健脾、开胃消食。搭配食用，效果更佳。

主料

牛肉 300 克
豌豆 50 克
红甜椒丁适量
葱适量
蒜适量
姜适量
上汤适量

配料

盐 3 克
酱油适量
料酒适量
油适量

做法

1. 将牛肉洗净，切小片，用料酒、盐抓匀上浆。
2. 将豌豆洗净。
3. 将葱、姜、蒜洗净后切末。
4. 将锅置火上，油烧热，放入葱、姜、蒜炒香出色，倒入上汤，调入酱油、料酒、盐，烧开后下牛肉片、豌豆。
5. 待肉片熟后，起锅装盘，撒上红甜椒丁即可。

小贴士

豌豆很适合脑力工作者和减肥者食用。

麻辣牛肉

60分钟
酥软可口
补虚强身

本菜品香味浓郁，酥软可口，常食具有补中益气、滋养脾胃、发汗散热、强健筋骨的功效。

主料

牛肉150克
葱花适量

配料

卤水适量
红油适量
香油适量

做法

1. 将牛肉洗净，放沸水中汆一下，捞出后沥水。
2. 锅内倒入卤水，烧热，放入牛肉卤熟，捞起，切片后摆盘。
3. 将红油、香油调匀，淋在牛肉上，撒上葱花即可。

小贴士

牛肉加红枣炖服，有助于肌肉生长和伤口愈合。

椒丝拌牛柳

25 分钟
鲜香酥嫩
补虚强身

本菜品鲜香酥嫩，美味可口，常食具有补脾健胃、益气养血、强健筋骨、防癌抗癌的功效。

主料

牛柳 200 克
青甜椒 15 克
红甜椒 10 克
葱 15 克
松肉粉 20 克
香菜适量

配料

盐 2 克
白兰地酒适量
油适量

做法

1. 将牛柳洗净，切成长条块；将青甜椒、红甜椒洗净后切丝；将葱洗净，切葱花；将香菜洗净备用。
2. 将牛柳用松肉粉、白兰地酒、葱花拌匀腌 15 分钟。
3. 锅中放油，烧热，放入牛柳煎至表面金黄，取出切细条，放入青甜椒丝、红甜椒丝，调入盐拌匀，撒上香菜即可。

小贴士

牛柳宜切得厚薄均匀，不然容易影响口感。

萝卜炖牛腩

🕒 60分钟
鲜香美味
☺ 增强免疫力

本菜品具有健胃消食、益气养血、强身健体、增强免疫力的功效。其中的胡萝卜所含的B族维生素和维生素C有润皮肤、抗衰老的作用。

主料

牛腩400克
洋葱适量
胡萝卜50克
白萝卜50克
香菜段适量

配料

盐3克
八角适量
花椒粒适量
酱油适量
油适量

做法

1. 将牛腩洗净，切块，汆水后沥干。
2. 将胡萝卜、白萝卜及洋葱均洗净，去皮，切滚刀块。
3. 起油锅，放入洋葱炒香，加入萝卜、牛腩略炒，最后加入八角、花椒粒、盐、酱油及清水，炖熟，撒上香菜即可。

小贴士

老年人、儿童、消化能力弱的人不宜多吃牛腩。

胡萝卜焖牛杂

40 分钟
汤浓味美
补虚强身

胡萝卜能安养五脏、健胃消食；牛肚能益脾养胃、补虚益精；牛心能益肝补肾、养颜护肤。搭配食用，效果更佳。

主料

胡萝卜 50 克
牛肚 20 克
牛心 20 克
牛肠 20 克
葱丝适量
高汤适量

配料

盐适量
糖适量
蚝油适量

做法

1. 将牛肚、牛肠、牛心洗净，煮熟后切段。
2. 将胡萝卜洗净，切成三角形块，下入锅中焖煮。
3. 锅中加水及高汤，倒入所有食材及调味料焖熟，撒上葱丝即可。

小贴士

胡萝卜最好的食用方式是熟吃，而且要配给足量的油脂，烹调后熟吃。

香拌牛百叶

35分钟
鲜香爽脆
补虚强身

本菜品鲜香爽脆，风味独特，常食具有温中健脾、增进食欲、补气养血、补虚益精的功效。

主料

牛百叶400克
红甜椒20克
生菜适量

配料

盐2克
酱油适量
陈醋适量
香油适量

做法

1. 将牛百叶刮去黑皮，洗净后切成细丝，汆熟备用；将红甜椒洗净，切圈；将生菜洗净备用。
2. 将生菜、牛百叶、红甜椒装盘。
3. 将调味料做成料汁，淋在盘中即可。

小贴士

新鲜的牛百叶必须经过处理才会爽脆可口。

卤水拼盘

60分钟
美味可口
增强免疫力

牛肉能益气养血、强筋壮骨；鸡蛋能健脑益智、延缓衰老；豆腐能益气补虚、增强免疫力。搭配食用，效果更佳。

主料

牛肚150克
牛肉150克
鹅胗150克
豆腐150克
鸡蛋100克
猕猴桃100克
高汤适量

配料

酱油适量
油适量
盐适量
卤料包1个

做法

1. 将牛肚、牛肉、鹅胗洗净后切片，入开水中氽至八成熟；将鸡蛋煮熟，捞出剥壳切块；将猕猴桃去皮后切片；将豆腐洗净，切片。
2. 将油锅烧热，放入豆腐煎至两面金黄，捞出。
3. 将油锅烧热，加入高汤和卤料包烧开，加入酱油、盐熬成卤汤，放入牛肚、牛肉、鹅胗、豆腐、鸡蛋卤入味，装盘，用猕猴桃装饰即可。

小贴士

胆固醇正常的老年人，每天可以吃2个鸡蛋。

百叶炒白芍

30分钟
爽口脆嫩
补虚强身

本菜品爽口脆嫩，美味鲜香，常食具有补益脾胃、补气养血、补虚益精、疏肝理气的功效。

主料

牛百叶200克
白芍100克
葱15克

配料

盐3克
酱油适量
香油适量

做法

1. 将牛百叶、葱分别洗净后切细丝。
2. 将白芍洗净切丝备用。
3. 锅内烧水，放入牛百叶、白芍煮熟，装盘。
4. 调入香油、酱油、盐拌匀，撒上葱丝，调匀即可。

小贴士

牛百叶对气血不足、营养不良、脾胃虚弱之人效果更好。

手抓肉

60分钟
美味鲜香
补虚强身

羊肉味甘而不腻，性温而不燥，能补肾壮阳、温补气血；洋葱能降低血压、提神醒脑。搭配食用，效果更佳。

主料

羊肉400克
洋葱15克
胡萝卜20克
香菜10克

配料

盐2克
花椒粒5克

做法

1. 将羊肉洗净，切块；将洋葱洗净，切丝；将胡萝卜洗净，切块；将香菜洗净，切末。
2. 锅中水烧开，放入羊肉块焯烫捞出，锅中换干净水烧开，放入盐、洋葱、胡萝卜、花椒粒、羊肉煮熟。
3. 捞出装盘，撒上香菜即可。

小贴士

羊肉属于高热量肉食，可以让体寒的人身体暖和。

鲜蔬明虾沙拉

12分钟
清醇爽口
补肾强身

明虾能补肾壮阳、滋阴健胃；西芹能镇静安神、养血补虚；玉米能健脾益胃、延缓衰老。搭配食用，效果更佳。

主料

明虾 80 克
西芹 100 克
罐头玉米 50 克
黄瓜片适量
西蓝花适量
西红柿适量

配料

沙拉酱适量

做法

1. 将明虾洗净去虾线；将西芹取梗洗净，切小段；将西红柿洗净，切块；将西蓝花洗净，掰小朵。
2. 将西芹、西蓝花入沸水焯熟，捞起摆盘，淋上沙拉酱，撒入玉米粒，摆上黄瓜片、西红柿块。
3. 将明虾入沸水汆熟，摆盘即可。

小贴士

虾背上的虾线不能食用，应挑去。

豆花鱼片

18 分钟
细腻爽滑
延缓衰老

本菜品汤浓味美，细腻爽滑，常食具有滋补开胃、补中益气、清热润燥、延缓衰老的功效。

主料

草鱼 300 克
豆花 100 克
蒜末 3 克
葱花 3 克
淀粉 5 克
鲜汤适量

配料

豆瓣 10 克
盐适量
油适量

做法

1. 将草鱼洗净，切成片，用盐和淀粉腌渍。
2. 起油锅，放入豆瓣、蒜末煸香，掺入鲜汤，下入鱼片煮熟，放入豆花，撒上葱花即可。

小贴士

本道菜品应选用咸豆花，不宜用甜豆花。

脆皮羊肉卷

35 分钟
酥嫩可口
增强免疫力

本菜品酥嫩可口，鲜香味美，常食本品具有暖中祛寒、缓解疲劳、温补气血、增强免疫力的功效。

主料

羊肉 200 克
鸡蛋 100 克
面包糠 30 克
洋葱适量
青甜椒适量
红甜椒适量

配料

盐 3 克
孜然 5 克
油适量

做法

1. 将羊肉洗净后切粒；将洋葱和青甜椒、红甜椒洗净，切粒。
2. 将锅中油烧热，放入羊肉、洋葱和青甜椒、红甜椒炒香，加入孜然、盐炒入味。
3. 将鸡蛋调散入油锅煎成蛋皮。
4. 将蛋皮平铺，放入羊肉等卷起，裹上面包糠入油锅炸至金黄色，取出切段摆盘即可。

小贴士

肝炎患者不宜过多食用羊肉。

羊头捣蒜

35分钟
鲜香美味
强身健体

羊肚能补虚强身、健脾益胃，羊肉能暖中祛寒、温补气血，搭配羊头骨食用，其强身健体的效果更佳。

主料

羊肚 150 克
羊肉 150 克
羊头骨 1 个
红甜椒适量
蒜末适量
葱花适量

配料

盐 2 克
酱油适量
料酒适量

做法

1. 将羊肚、羊肉分别洗净，切条，用盐、料酒腌渍；将羊头骨洗净，对切；将红甜椒洗净，切丁。
2. 锅内加适量清水烧开，加入盐，放羊肚、羊肉汆至肉变色，捞起沥水，抹上酱油，填入羊头骨中，放烤箱中烤熟。
3. 取出，撒上红甜椒丁、蒜末、葱花即可。

小贴士

羊肉虽然好吃，暑热天或发热患者应慎食。

萝卜羊肉汤

50 分钟
汤浓味美
增强免疫力

本菜品汤浓味美，肉烂鲜香，常食具有利尿通便、促进消化、温补气血、补肾壮阳的功效。

主料

羊肉 200 克
白萝卜 50 克
羊骨汤 400 毫升
香菜适量
葱段适量
姜片适量

配料

盐适量
料酒适量

做法

1. 将羊肉洗净后切块，汆水；将白萝卜洗净，切块后焯熟；将香菜洗净，切末。
2. 将羊肉、羊骨汤、料酒、葱段、姜片下锅，烧沸后小火炖 30 分钟，加入盐、白萝卜再炖至羊肉熟烂，撒上香菜段即可。

小贴士

白萝卜很适合用水煮熟后当作饮料饮用。

秘制珍香鸡

35 分钟
鲜香可口
补虚强身

鸡肉能温中补脾、益气养血、补虚强身；玉米笋能软化血管、延缓衰老。搭配食用，效果更佳。

主料

鸡肉 450 克
青椒 10 克
红椒 10 克
玉米笋 8 克

配料

盐 3 克
酱油适量
油适量

做法

1. 将鸡肉洗净，放入开水锅中煮熟，捞出，沥干水分，切成块。
2. 将青椒、红椒、玉米笋洗净，切丁。
3. 油锅烧热，放入青椒、红椒、玉米笋炒香，加盐、酱油，制成味汁。
4. 将味汁淋在鸡块上即可。

小贴士

玉米笋具有独特的清香，口感甜脆，鲜嫩可口。

五彩三黄鸡

40 分钟
肉嫩鲜香
增强免疫力

本菜品味道鲜美，荤素搭配得当，常食具有温中补脾、益气养血、健脑安神、增强免疫力的功效。

主料

三黄鸡 350 克
上海青 50 克
紫甘蓝丝适量
胡萝卜丝适量
黄瓜片 30 克
西红柿片 35 克
包菜叶适量
姜片适量
鸡汤适量

配料

盐适量
油适量

做法

1. 将三黄鸡洗净，煮熟后浸冷水斩件。
2. 将上海青洗净，入沸水中焯熟备用。
3. 将包菜叶、黄瓜片、西红柿片、上海青装饰盘底，码上三黄鸡。
4. 将油锅烧热，放入姜片，炒出香味，加入鸡汤，入盐调味后均匀淋在摆好的鸡肉上，撒上紫甘蓝丝、胡萝卜丝即可。

小贴士

三黄鸡肉质细嫩，味道鲜美，在国内外享有较高的声誉。

蚝油豆腐鸡球

30 分钟
外酥里嫩
增强免疫力

本菜品外酥里嫩，鲜香味美，常食具有益气宽中、益气养血、补虚强身、增强免疫力的功效。

主料

鸡脯肉 200 克
油豆腐 100 克
蛋液 30 毫升
姜适量
葱适量
红甜椒丝适量
生粉 20 克

配料

蚝油适量
盐适量
油适量
料酒适量

做法

1. 将鸡脯肉洗净后剁成肉末；将姜洗净，切末；将葱洗净，一部分切葱段，一部分切葱花。
2. 将肉末与蛋液用盐、料酒搅匀，加入生粉、姜末调匀；锅中油烧至五成热后，将调好的肉末用手挤成丸子，下入油锅炸至金黄色后捞起。
3. 锅中留少许底油，放入油豆腐、葱段，调入盐、蚝油，再放入肉丸，加少许水，大火煮开，撒上葱花、红甜椒丝即可。

小贴士

优质油豆腐色泽橙黄鲜亮，轻捏后能够复原。

港式卤鸡

40分钟
香甜美味
补虚强身

鸡肉能温中益气、补虚填精；生菜能抵抗病毒、降低胆固醇；砂姜能温中化湿、行气止痛。搭配食用，效果更佳。

主料

鸡400克
砂姜20克
生菜50克
葱适量
姜适量
红甜椒适量

配料

八角15克
桂皮适量
盐适量
酱油适量
冰糖适量
料酒适量

做法

1. 将鸡洗净，汆烫后过冷水；将红甜椒、葱洗净，切丝；将姜洗净，去皮后切片；将生菜洗净备用。
2. 将砂姜、八角、桂皮装入纱布袋做成卤包。
3. 锅内加水、盐、酱油煮开，放入卤包、冰糖、鸡及姜煮开，加入料酒煮至鸡熟透，捞出沥干。
4. 将生菜垫在盘底，鸡切块后摆盘，撒上葱丝及红甜椒丝即可。

小贴士

新鲜的鸡肉块白里透着红，手感比较光滑。

山药胡萝卜鸡汤

45 分钟
汤浓味美
增强免疫力

山药能生津益肺、滋补强壮；胡萝卜能健胃消食、增强免疫力；鸡腿能温中补脾、益气养血。搭配食用，效果更佳。

主料

山药 250 克
胡萝卜 100 克
鸡腿 80 克

配料

盐 3 克

做法

1. 将山药削皮，洗净后切块。
2. 将胡萝卜削皮，洗净切块。
3. 将鸡腿剁块，汆水，捞起后冲洗。
4. 将鸡腿肉、胡萝卜下锅，加水煮开后炖 30 分钟，下入山药后用大火煮沸，改用小火续煮 10 分钟，加盐调味即可。

小贴士

山药有收涩的作用，大便燥结者不宜食用山药。

板栗鸡翅煲

40 分钟
鲜辣爽滑
增强免疫力

本菜品鲜辣爽滑，美味可口，常食具有健脾益胃、益气补肾、壮腰强筋、增强免疫力的功效。

主料

板栗 250 克
鸡翅 350 克
蒜瓣 15 克
葱段 10 克
葱花 5 克
红尖椒 2 个
淀粉 10 克

配料

白糖 10 克
盐 3 克
料酒适量
油适量

做法

1. 将板栗去壳，洗净。
2. 将鸡翅洗净，斩件，加入料酒拌匀，腌 10 分钟。
3. 将红尖椒洗净备用。
4. 锅中注油，烧热，放入腌好的鸡翅稍炸，捞出沥油。
5. 将砂锅注油，烧热，放入蒜瓣、葱段爆香，加入鸡翅，调入料酒、清水，加入板栗肉同煲至熟，加白糖、盐调味，用淀粉勾芡，撒上葱花、红尖椒即可。

小贴士

不适宜吃太多鸡翅，尤其是鸡翅尖。

白果炒鸡丁

15 分钟
鲜香可口
增强免疫力

本菜品具有健胃消食、补中益气、健脑安神、增强免疫力的功效。其中的白果能消除血管壁上的沉积成分，降低血液黏稠度。

主料

鸡脯肉 200 克
白果 80 克
胡萝卜丁 50 克
黄瓜丁 50 克

配料

盐 3 克
料酒适量
油适量

做法

1. 将鸡脯肉洗净，切成丁。
2. 将白果洗净，入沸水中焯熟备用。
3. 将鸡脯肉加盐、料酒腌入味，于油锅中滑炒后捞起；另起油锅炒香白果、胡萝卜丁、黄瓜丁，再入鸡丁炒入味，调入盐即可。

小贴士

熟食、少食白果是预防白果中毒的根本方法。

蒜薹炒鸭片

15 分钟
鲜嫩爽滑
益阴补血

本菜品鲜嫩爽滑，清香宜人，常食具有益阴补血、清热利水、温中下气、养胃生津的功效。

主料

鸭肉 300 克
蒜薹 100 克
子姜 1 块
淀粉适量

配料

盐 2 克
料酒适量
酱油适量
油适量

做法

1. 将鸭肉洗净切片；将子姜洗净拍扁，加酱油略浸，挤姜汁，与酱油、淀粉、料酒拌入鸭片备用。
2. 将蒜薹洗净切段，下油锅略炒，加盐炒匀备用。
3. 锅洗净，热油，下姜爆香，倒入鸭片，改小火炒散，再改大火，倒入蒜薹，加盐、水，炒匀即成。

小贴士

消化能力不佳的人最好少食蒜薹。

40分钟
香醇可口
滋养五脏

红枣鸭子

本菜品香甜可口，爽滑味美，常食本品具有益阴补血、滋养五脏、养胃生津、养血安神的功效。

主料

肥鸭 300 克
红枣 10 克
葱末适量
姜片适量
清汤适量
水豆粉适量

配料

冰糖汁适量
料酒适量
盐适量
油适量

做法

1. 将鸭洗净，入沸水锅焯水捞出，用料酒抹遍全身，于七成热油锅中炸至微黄捞起，沥油后切条待用。
2. 将锅置大火上，加入清汤垫底，后放入炸鸭煮沸，去浮沫，下入姜、葱、料酒、冰糖汁、盐，转小火煮。
3. 至七成熟时放入红枣，待鸭熟枣香时捞出，摆入盘中；锅内用水豆粉将原汁勾芡，淋遍鸭身即可上桌。

小贴士

秋季多食鲜红枣，可以补充维生素 C。

五香烧鸭

150 分钟
外酥里嫩
增强免疫力

本菜品色泽鲜亮，皮肥骨香，常食具有益阴补血、补血行水、养胃生津、滋补强身的功效。

主料

水鸭 300 克
葱 10 克
姜 10 克

配料

白糖 5 克
酱油适量
盐适量
料酒适量
五香粉适量

做法

1. 将水鸭洗净；将酱油、五香粉、料酒、白糖、葱、姜、盐装盆调匀。
2. 把水鸭放入调料盆中浸泡 2 ~ 4 小时，翻转几次使鸭浸泡均匀。
3. 锅中注水，烧热，将浸泡好的水鸭放入，水开后改用小火煮，待水蒸发完，水鸭体内的油烧出，改用小火，随时翻动，当水鸭熟至表面呈焦黄色捞出，切条装盘。

小贴士

鸭肉更适合体内有热、上火的人食用。

盐水卤鸭

40 分钟
咸香味美
补虚强身

本菜品咸香味美，口感鲜嫩，常食具有补血行水、补虚养身、滋养五脏、防癌抗癌的功效。

主料

鸭 300 克
葱 20 克
姜 30 克
葱丝适量
红甜椒适量
荆芥叶适量

配料

盐适量
综合卤包 1 个
料酒适量
白糖适量

做法

1. 将鸭处理干净，加盐腌渍片刻，放入开水中烫煮 5 分钟，捞出沥干；将葱洗净，切小段；将姜洗净，切片；将红甜椒洗净，去籽后切丝。
2. 锅中放入葱段、姜片、料酒、盐、白糖、综合卤包、水及鸭煮开，改小火煮至熟，熄火，待凉取出鸭肉，切块后摆盘。
3. 撒上葱丝、红甜椒丝、荆芥叶即可。

小贴士

选择外皮紧实、表面有光泽的甜椒为好。

爆炒鸭丝

12 分钟
肉嫩鲜香
滋养五脏

本菜品肉嫩鲜香，常食具有增进食欲、补虚养身的功效。

主料

鸭里脊肉 100 克
青甜椒 30 克
红甜椒 30 克
葱 5 克
姜 5 克
蒜 5 克

配料

盐 2 克
白糖 5 克
料酒适量
酱油适量
油适量

做法

1. 将鸭里脊肉洗净，切丝。
2. 将青甜椒、红甜椒洗净，切丝。
3. 将葱、姜、蒜洗净后切末。
4. 将锅中油烧热，放入葱、姜、蒜、甜椒丝煸香，然后放入肉丝滑炒熟。
5. 调入调味料拌匀即可。

小贴士

甜椒含富含糖和维生素 C，主要用于生食或拌沙拉。

参芪鸭汤

60 分钟
汤浓味美
增强免疫力

鸭肉能益阴补血、滋养五脏；党参能健脾益肺、增强免疫力；黄芪能利水消肿、益气固表。搭配食用，效果更佳。

主料

净鸭 300 克
党参 20 克
黄芪 20 克
陈皮丝 1 克
葱段 20 克
清汤适量

配料

料酒适量
酱油适量
盐适量
油适量

做法

1. 将党参、黄芪洗净后切成斜片。
2. 将净鸭剁去头、脚，抹上酱油，下入热油锅中炸一会儿捞出，斩块，盛入砂锅中。
3. 加入水、党参、黄芪、陈皮丝、葱段、盐、料酒、清汤，烧沸后改用小火焖至鸭肉烂熟即可。

小贴士

体质虚弱、气血不足及病后产后体虚者宜食党参。

卤鹅片拼盘

50 分钟
醇香味浓
滋阴润燥

本菜品细嫩软烂，醇香味浓，常食具有补阴益气、延缓衰老、滋阴润燥、健脑益智的功效。

主料

鹅肾 100 克
鹅肉 100 克
鹅翅 200 克
煮鸡蛋 1 个

配料

盐 3 克
酱油适量
卤汁适量
油适量

做法

1. 将鹅肉、鹅肾、鹅翅洗净，放入油锅炸至金黄。
2. 锅中放适量水烧开，加入卤汁、盐，放入上述材料及鸡蛋，浸泡 30 分钟后切件，装盘，倒入酱油，淋上卤汁即可。

小贴士

鹅肉特别适合在冬季进补。

老鸭红枣猪蹄煲

45 分钟
肉嫩鲜香
增强免疫力

本菜品肉嫩鲜香，汤浓味美，常食具有益阴补血、滋养五脏、补虚养身、增强免疫力的功效。

主料

老鸭 250 克
猪蹄 200 克
红枣 10 克
青菜适量

配料

盐适量

做法

1. 将老鸭洗净，斩块后汆水。
2. 将猪蹄洗净，斩块后汆水。
3. 将红枣、青菜洗净备用。
4. 净锅上火，倒入水，调入盐，下入老鸭、猪蹄、红枣煲至熟，放入青菜稍煮片刻即可。

小贴士

猪蹄如果有局部溃烂现象则不宜食用。

火腿鸽子

40 分钟
鲜香爽滑
健脑益智

本菜品细嫩爽口，鲜香爽滑，常食具有壮体补肾、健脑安神、降低血压、养颜美容的功效。

主料

乳鸽 300 克
熟火腿片 100 克
葱花适量
姜末适量

配料

料酒适量
盐适量

做法

1. 将鸽子洗净，再下入开水中汆烫，捞出后沥干水。
2. 将鸽子去骨，斩件，和火腿片一起放入盘内，加入姜末、料酒、盐，上屉蒸至七成熟后取出。
3. 撒上葱花即可。

小贴士

鸽肉以春天、夏初时最为肥美。

15 分钟
爽滑可口
增强免疫力

百花酿蛋卷

香菇能降低血压、增强免疫力；五花肉能补肾养血、滋阴润燥；鸡蛋能健脑益智、延缓衰老。搭配食用，效果更佳。

主料

香菇 20 克
鸡蛋 3 个
五花肉 300 克
上海青 30 克
水淀粉 6 毫升

配料

盐适量
油适量

做法

1. 将香菇洗净，切粒；将五花肉剁碎；将上海青洗净，焯熟备用；将鸡蛋打入碗内，加少许盐搅拌均匀。
2. 将油烧热，倒入蛋液煎成蛋皮，取出备用。
3. 将蛋皮铺开，铺上香菇、五花肉，卷成卷，切成段，装盘，上蒸锅蒸约 5 分钟，取出，码上上海青，淋上用盐、水淀粉勾芡的芡汁即可。

小贴士

香菇也可用作食品调味品。

荷包里脊

10 分钟
鲜香味美
滋阴润燥

里脊肉能补肾养血、滋阴润燥；生菜能抵抗病毒、降低胆固醇。搭配食用，效果更佳。

主料

里脊肉 100 克
生菜 100 克
鸡蛋 4 个
樱桃萝卜 3 克

配料

盐适量
料酒适量
油适量

做法

1. 将里脊肉洗净后切丁，加入盐和料酒拌匀；将生菜洗净，平铺在盘里；将樱桃萝卜洗净后切丁备用。
2. 将鸡蛋打入碗中，加盐搅匀；油烧热，倒入蛋液煎成蛋皮，取出，将肉馅放蛋皮上，折过来包住肉馅成荷包状。
3. 将油烧热，将荷包里脊炸 2 分钟，捞出放在生菜盘里，撒上樱桃萝卜丁即成。

小贴士

樱桃萝卜品质细嫩，色泽美观，适于生吃。

芙蓉猪肉笋

12 分钟
爽滑味美
增强免疫力

猪肉能补肾养血、滋阴润燥；香菇能降压降脂、增强免疫力；笋干能增进食欲、润肠排毒。搭配食用，效果更佳。

主料

猪肉 50 克
笋干 100 克
香菇 100 克
红甜椒 30 克
鸡蛋 3 个
葱花适量

配料

酱油适量
盐适量
油适量

做法

1. 将猪肉洗净，切成片；将笋干泡发，洗净后切粗丝；将香菇、红甜椒洗净，切细丝备用。
2. 将油锅烧热，将以上的原料放入锅中，放酱油、盐炒至熟备用。
3. 将鸡蛋打入盆中，加入适量的水，一起拌均匀，放入锅中蒸 2 分钟至稍凝固，再将炒熟的原材料倒入中间继续蒸 3 ~ 5 分钟至熟，撒上葱花即可。

小贴士

笋干是肥胖者减肥的佳品。

第二章

强筋壮骨这样吃

民间有“以形补形”之说，大意是“吃什么，补什么”。在日常的膳食选择上，多食骨头汤、肉类食物，可增补元气、滋润脏腑、强健筋骨。同时，也要坚持全面合理的“平衡膳食”观念。

葱油莲子

20 分钟
鲜嫩可口
益肾固精

本菜品具有养心安神、消除疲劳、健脑益智、益肾固精等功效。中老年人特别是脑力劳动者常吃莲子，可增强记忆力，提高工作效率。

主料

莲子 300 克
葱 3 克
红甜椒粒适量

配料

盐 3 克
香油适量

做法

1. 将莲子放入沸水中煮熟，捞出；将葱洗净，切成葱花。
2. 取一小牙签，将莲子内的绿色莲心挑去。
3. 将香油、红甜椒粒、葱花和盐一起加入莲子中搅拌均匀即可。

小贴士

莲子和莲心一起食用，可清心安神，强身健体。

拌耳丝

35 分钟
酸辣脆嫩
补肾养血

本菜品香辣脆嫩，常食具有健脾益胃、补肾养血、抵抗病毒等功效，尤其适合气血虚损、身体瘦弱的人士食用。

主料

猪耳 400 克
香菜 15 克
葱段 15 克
姜片 15 克

配料

辣椒酱 5 克
白糖 5 克
盐 3 克
料酒适量
醋适量
香油适量

做法

1. 将猪耳刮洗干净，放入沸水中，焯去血水后捞出，再放沸水中煮熟，捞出，冷却后切丝。
2. 将香菜、葱段、姜片和所有调味料一起拌匀成调味汁待用。
3. 将猪耳丝装入碗中，淋上调味汁拌匀即可。

小贴士

猪耳富含胶质，多用于烧、卤、酱、凉拌等烹调方法。

澳门猪骨锅

50 分钟
汤浓味美
强筋壮骨

本菜品汤浓味美，荤素搭配得当，常食具有补肾养血、滋阴润燥、增强免疫力、强筋壮骨的功效。其中的白萝卜富含维生素 C，有防止皮肤老化的作用。

主料

猪骨 400 克
白萝卜 200 克
胡萝卜 200 克
玉米 200 克
芹菜段 30 克

配料

盐适量

做法

1. 将猪骨洗净，剁块；将白萝卜洗净，去皮后切成大块；将胡萝卜洗净后切块；将玉米洗净，切段。
2. 将猪骨、白萝卜、胡萝卜、玉米、芹菜段放入砂煲里，加水烧开，转小火炖烂。
3. 加入盐调味即可。

小贴士

坚持适量食用胡萝卜，有助于预防心脏病和肿瘤。

黄瓜猪耳片

38分钟
鲜香不腻
补肾强身

猪耳能健脾益胃、补肾养血；葱能增进食欲、通阳活血、抵抗病毒。搭配食用，效果更佳。

主料

猪耳300克
葱50克
黄瓜50克
熟白芝麻适量

配料

盐适量
白糖适量
香油适量
酱油适量

做法

1. 将黄瓜洗净，切成圆形薄片；将葱洗净，切细丝。
2. 将猪耳洗净，入水中煮熟，晾凉后切成薄片。将所有材料摆入盘中造型。
3. 将所有调味料调成味汁，浇在盘中，撒上白芝麻即可。

小贴士

真的猪耳有肌肉层、瘦肉和正常的肌理组织，选购时注意辨别。

21小时
鲜香酥嫩
强筋壮骨

越南蒜香骨

本菜品鲜香酥嫩，常食具有补虚养身、强筋壮骨、防癌抗癌的功效。其中的蒜对提高人体免疫力和预防呼吸道疾病有积极的作用。

主料

冻猪寸骨300克
面粉20克
蒜100克
苏打粉15克

配料

盐适量
胡椒粉适量
生油适量

做法

1. 将冻猪寸骨解冻后洗净，用面粉、苏打粉腌1小时，然后泡水7小时，捞起沥干水；将蒜去皮，剁成蓉。
2. 将猪寸骨用蒜水浸8小时后捞起，加入所有调味料腌5小时。油烧热至80℃时，将剁碎的蒜蓉炸至金黄色，捞起沥干油待用。烧热油70℃，放入猪寸骨炸熟。
3. 盛起上碟，撒上炸香的干蒜蓉即可。

小贴士

肝病患者不可以过量食用蒜。

东坡肘子

200分钟
肥而不腻
健腰强膝

本菜品肥而不腻，具有增进食欲、补虚养身、健腰强膝、抵抗病毒的功效。其中的生菜含有原儿茶酸，对癌细胞有明显的抑制作用。

主料

猪肘子 400 克
葱 15 克
红甜椒 10 克
姜 10 克
生菜适量

配料

料酒适量
盐适量

做法

1. 将葱洗净，切成末；将红甜椒洗净后剁碎；将姜洗净，切末；将生菜洗净，放在盘底。
2. 猪肘子刮洗干净，顺骨缝滑切一刀，放入锅中煮透，捞出剔去肘骨。
3. 把猪肘子放入砂锅中，放入大量葱、姜末和料酒烧开，小火将猪肘子炖熟，起锅放入盐、红甜椒粒即可。

小贴士

猪肘子是老人、妇女、失血者的食疗佳品。

洋葱猪排

25分钟
酥嫩可口
补肾强身

猪小排能补肾养血、滋阴润燥；洋葱能提神醒脑、延缓衰老。搭配食用，效果更佳。

主料

猪小排450克
洋葱100克
淀粉适量

配料

盐适量
番茄酱适量
酱油适量
油适量
白糖适量

做法

1. 将猪小排洗净后切块，用盐、酱油、淀粉腌渍。
2. 将洋葱洗净后切片。
3. 将油锅烧热，放猪小排炸至呈金黄色，捞出。
4. 另起油锅，放入洋葱炒软，加番茄酱、酱油、白糖、水炒匀，加猪小排煮至汁干。

小贴士

常吃洋葱可预防骨质疏松。

冰梅酱蒸排骨

50分钟
酱香味美
强筋壮骨

本菜品酱香味美，肉质鲜嫩，常食具有增进食欲、益精补血、滋阴润燥、强筋壮骨的功效。

主料

猪排骨 400 克
香菜段 2 克
红甜椒末适量
淀粉 8 克

配料

冰梅酱适量
盐适量
酱油适量
香油适量

做法

1. 将猪排骨洗净，斩段，放入大碗中，加入盐、冰梅酱、酱油、淀粉、香油腌约 10 分钟。
2. 将腌好的排骨放入蒸锅中，以中火蒸约 30 分钟，取出，均匀撒上香菜段、红甜椒末即可。

小贴士

排骨在烹饪前，放入冰箱中冷藏为宜。

周庄酥排

40 分钟
酥嫩鲜香
滋阴润燥

本菜品酥嫩鲜香，味美可口，常食具有益精补血、滋阴润燥、补养身体的功效。

主料

排骨 450 克

配料

排骨酱 5 克
蚕豆酱 5 克
白糖 10 克
胡椒粉适量
桂皮适量

做法

1. 将排骨洗净，斩成 5 厘米的长段。
2. 将排骨入锅汆水，捞起后用清水将血水洗净，将调味料加入，拌匀。
3. 上蒸锅蒸 30 钟即可。

小贴士

排骨酱色泽酱红，酥香入味，甜咸适中。

豆角炖排骨

70 分钟
汤浓味美
强身壮体

本菜品具有理中益气、补肾健胃、滋阴壮阳、强身壮体的功效。其中的豆角对羟自由基有较强的清除作用，能起到延缓衰老的效果。

主料

豆角 400 克
排骨 450 克

配料

盐 3 克
油适量

做法

1. 将排骨洗净，切块，放入沸水中煮去血污，捞起备用。
2. 将豆角择去头尾及老筋后，投入热油锅中略炸，捞出备用。
3. 锅上火，加入适量清水，放入排骨、豆角，用大火炖约 1 小时，调入盐，续炖入味即可。

小贴士

应选购豆条粗细均匀、色泽鲜艳、籽粒饱满的豆角。

萝卜排骨汤

65分钟
鲜香美味
强身壮体

红枣能补脾益气、养血安神；胡萝卜能健胃消食、增强免疫力；排骨能滋阴壮阳、强身壮体。搭配食用，效果更佳。

主料

黄芪10克
当归10克
红枣30克
排骨150克
胡萝卜150克
干贝适量
黑木耳适量
罗勒叶适量

配料

盐3克

做法

1. 将黄芪、当归分别洗净，用棉布袋包起；将红枣洗净；将胡萝卜、黑木耳洗净后切块，备用。
2. 将排骨剁块，汆烫后洗净。
3. 将棉布袋放入水中煮滚，放入除干贝、罗勒叶以外的所有原材料，熬煮40分钟后取出药材包，转大火煮滚，放入干贝，煮开后加入盐，放入罗勒叶即可。

小贴士

红枣的维生素含量非常高，有“天然维生素丸”的美誉。

莲藕菱角排骨汤

50 分钟
汤浓味美
养阴清热

莲藕能养阴清热、安神健脑；菱角能益气健脾、养阴清热；排骨能滋阴壮阳、强身壮体。搭配食用，效果更佳。

主料

莲藕 100 克
菱角 80 克
排骨 200 克
胡萝卜 50 克

配料

盐 2 克
白醋适量

做法

1. 将排骨剁块汆烫，捞起后冲净。
2. 将莲藕削皮，洗净后切片。
3. 将菱角汆烫，捞起，剥净外表皮膜。
4. 将原材料都盛入炖锅，加水至盖过材料，加入白醋，以大火煮开，转小火炖 35 分钟，加盐调味。

小贴士

选购莲藕以藕节短、藕身粗的为好。

板栗排骨汤

45 分钟
鲜香肉嫩
补肾强筋

本菜品肉嫩鲜香，常食具有养胃健脾、补肾强筋的功效。其中的板栗具有防治高血压、冠心病、动脉硬化、骨质疏松等疾病的作用。

主料

鲜板栗 150 克
排骨 150 克
人参片适量
胡萝卜 80 克

配料

盐 2 克

做法

1. 将板栗煮约 5 分钟，剥膜。
2. 将排骨剁块，入沸水汆烫，冲洗干净
3. 将胡萝卜削皮，洗净后切块。
4. 将所有的原材料盛锅，加水至盖过材料，以大火煮开，转小火续煮约 30 分钟，加盐调味即成。

小贴士

板栗生食不易消化，熟食易滞气，不可食用太多。

豆瓣菜排骨汤

40分钟
润滑爽口
强身健脑

本菜品汤浓味美，润滑爽口，常食具有润肺止咳、滋阴壮阳、益精补血、强身健脑的功效。

主料

排骨 200 克
豆瓣菜 175 克
姜丝 4 克
红甜椒丝适量

配料

盐适量

做法

1. 将排骨洗净，斩块后焯水。
2. 将豆瓣菜洗净备用。
3. 汤锅上火，倒入水，调入盐、姜丝，下入排骨、豆瓣菜，煲至熟，撒上红甜椒丝即可。

小贴士

豆瓣菜不耐贮藏，适宜鲜食。

排骨烧玉米

25分钟
鲜香味美
滋阴润燥

甜椒能防癌抗癌、增进食欲；玉米能降低血糖、延缓衰老；排骨能滋阴润燥、强身健脑。搭配食用，效果更佳。

主料

排骨 300 克
玉米 100 克
青甜椒适量
红甜椒适量
黄瓜片适量

配料

盐 3 克
白糖 10 克
酱油适量
油适量

做法

1. 将排骨洗净，剁成块；将玉米洗净，切块；将青甜椒、红甜椒洗净，切片。
2. 锅中注油，烧热，放入排骨炒至发白，再放入玉米、红甜椒、青甜椒炒匀。
3. 注入适量清水，煮至汁干时，放入酱油、白糖、盐调味，起锅装盘，饰以黄瓜片即可。

小贴士

经常用眼的人可多吃一些黄色的玉米。

玉米炖排骨

40 分钟
汤浓味美
强身健体

本菜品具有降低血糖、滋阴润燥、强身健脑、增强免疫力的功效。其中的玉米中含有多种抗癌因子，如谷胱甘肽、叶黄素等，是人体内最有效的抗癌物。

主料

玉米 250 克
排骨 400 克
枸杞子 5 克
红枣 5 克
葱 10 克
姜 10 克

配料

盐适量

做法

1. 将排骨洗净，斩件；将枸杞子、红枣泡水至发；将玉米洗净后切块；将葱、姜洗净并切丝。
2. 锅中注入水烧开，放入排骨焯烫，捞出沥水。
3. 锅中注水，放入所有备好的原材料，用大火烧开，转小火炖 30 分钟，调入盐即可。

小贴士

吃玉米时加入少许碱面，更有利于吸收玉米的营养成分。

双鱼汤

30 分钟
滋味鲜香
延缓衰老

黄花鱼能健脾开胃、益气填精、延缓衰老；鲫鱼能健脾开胃、通乳催乳、利水除湿。搭配食用，效果更佳。

主料

黄花鱼 200 克
鲫鱼 200 克
枸杞子 10 粒
葱段适量
姜片适量
香菜末适量

配料

盐适量
油适量

做法

1. 将黄花鱼、鲫鱼处理干净，汆水待用。
2. 将枸杞子用温水浸泡，洗净备用。
3. 净锅上火，倒入油，将葱段、姜片炝香，倒入水，下入黄花鱼、鲫鱼、枸杞子烧至熟，调入盐，撒入香菜即可。

小贴士

大黄花鱼肉肥厚，小黄花鱼肉嫩味鲜，但刺稍多。

清炖鲤鱼

25分钟
清香味美
清热解毒

本菜品汤浓味美，常食具有清热解毒、补脾健胃、通乳催乳、缓解疲劳的功效。其中鲤鱼的脂肪多为不饱和脂肪酸，能最大限度地降低胆固醇。

主料

鲤鱼1条
枸杞子适量
姜片适量
香菜末10克
葱段适量

配料

盐2克
油适量
醋适量

做法

1. 将鲤鱼处理干净。
2. 起油锅，将葱段、姜片爆香，调入盐、醋，加适量的水烧沸，下入鲤鱼、枸杞子煲至熟。
3. 撒入香菜即可。

小贴士

烧鱼时不要搅拌，以保持鱼的外观完整。

酸辣蹄筋

20分钟
酸辣可口
健腰强膝

本菜品酸辣可口，脆嫩爽滑，常食具有补脾益气、滋阴壮阳、增强免疫力、健腰强膝的功效。

主料

蹄筋350克
草菇90克
肉丁90克
甜豆荚90克
葱段适量
姜片适量
水淀粉适量

配料

盐适量
豆瓣酱适量
白醋适量
油适量

做法

1. 将草菇洗净，切两半。
2. 将甜豆荚去蒂及筋，掰成小段，洗净。
3. 将蹄筋洗净，切段，煮熟后沥水。
4. 起油锅，爆香葱段及姜片，加蹄筋炒匀，调入盐、豆瓣酱、白醋，下入草菇、肉丁及甜豆荚，汤汁变浓时用水淀粉勾芡即可。

小贴士

应选用颜色光亮、半透明状、干爽无杂味的蹄筋。

花生蒸猪蹄

80分钟
酥嫩鲜香
强筋壮骨

猪蹄能补虚养身、美容护肤、强筋壮骨；花生米能滋补气血、延缓衰老。搭配食用，效果更佳。

主料

猪蹄 400 克
花生米 100 克

配料

盐 3 克
酱油适量
油适量

做法

1. 将猪蹄煺毛后砍成段，汆水备用。
2. 将花生米洗净。
3. 将猪蹄入油锅中，炸至金黄色后捞出，盛入碗内，加入花生米，用酱油、盐拌匀。
4. 再上笼蒸 1 个小时至猪蹄肉烂即可。

小贴士

使用酱油有利于猪蹄产生红润的光泽，也可以用白糖、大豆酱来代替。

红烧猪蹄

60分钟
肥而不腻
补虚养身

本菜品鲜香可口，常食具有开胃健脾、补虚养身的功效。其中的葱含有一种叫“前列腺素A”的物质，有预防阿尔茨海默病的作用。

主料

猪蹄300克
葱15克
姜10克
焯水西蓝花适量

配料

酱油适量
盐适量
冰糖适量
料酒适量
八角适量

做法

1. 将猪蹄剔去筒骨，放火上烧烤皮面，皮焦煳后，放入洗米水中浸泡至软，捞出刮去焦煳部分，洗净；将葱洗净，切段；将姜洗净，切片。
2. 锅上火，加水适量，调入调味料、葱段、姜片和猪蹄，用大火烧开，转小火炖至八成烂时，将猪蹄翻身，炖至酥烂，装盘后用西蓝花装饰。

小贴士

颜色发白、个头过大且脚趾处分开的猪蹄是用双氧水浸泡的，不宜选购。

清汤猪蹄

65 分钟
汤浓味美
滋补强身

猪蹄能补虚养身、填肾补精；红枣能养血安神、健脾养胃；花生米能滋补气血、增强记忆力。搭配食用，效果更佳。

主料

猪蹄 400 克
红枣 6 克
花生米 6 克

配料

盐适量

做法

1. 将猪蹄洗净，切块后汆水。
2. 将红枣、花生米泡开，洗净备用。
3. 净锅上火，倒入水，调入盐，下入猪蹄、红枣、花生米煲至熟即可。

小贴士

晚上饮用一杯红枣茶，可以有效地改善失眠。

猪蹄灵芝汤

65 分钟
汤浓味美
健腰强膝

本菜品滋味鲜美，常食具有健脑安神、填肾补精、健腰强膝、增强免疫力的功效。其中的灵芝能促进肝脏对药物、毒物的代谢。

主料

猪蹄 250 克
黄瓜 35 克
灵芝 8 克
红甜椒粒适量

配料

盐适量

做法

1. 将猪蹄洗净，切块后汆水。
2. 将黄瓜去皮和籽，洗净，切滚刀块备用。
3. 汤锅上火，倒入水，下入猪蹄，调入盐、灵芝烧开，煲至快熟时，下入黄瓜，撒上红甜椒粒即可。

小贴士

猪蹄切块后，汆水几分钟，煲煮时可减少浮沫。

鲜藕豆苗猪蹄汤

65 分钟
汤浓味美
强筋壮骨

猪蹄能补虚养身、强筋壮骨；莲藕能益血补心、清热除湿；火腿能健脾开胃、生津益血、强筋壮骨。搭配食用，效果更佳。

主料

猪蹄 200 克
莲藕 150 克
葱末 5 克
豆苗适量
火腿适量
红甜椒圈适量

配料

盐适量
油适量
香油适量

做法

1. 将猪蹄洗净，剁成小块并汆水；将莲藕去皮，洗净后切块；将豆苗去根，洗净；将火腿切片备用。
2. 起油锅，将葱炝香，下入莲藕煸炒，倒入水，下入猪蹄、豆苗、火腿烧沸，煲熟后调入盐，淋入香油，撒上红甜椒圈即可。

小贴士

火腿存放时，应在封口处涂上植物油，防止脂肪氧化。

什锦猪蹄汤

65分钟
美味爽口
补虚强身

豆苗能促进消化、美白护肤；冬笋能开胃健脾、预防癌症；猪蹄能补虚养身、强筋壮骨。搭配食用，效果更佳。

主料

猪蹄250克
豆苗15克
火腿50克
冬笋适量
葱适量
姜适量
高汤适量

配料

盐适量
油适量
香油适量

做法

1. 将猪蹄洗净，切块后汆水。
2. 将豆苗去根，洗净。
3. 将火腿、冬笋切丁。
4. 将葱、姜洗净，切末。
5. 炒锅上火，倒入油，将葱、姜炝香，倒入高汤，下入猪蹄、豆苗、冬笋、火腿，调入盐，煲至熟。
6. 淋入香油即可。

小贴士

豆苗与猪肉同食对预防糖尿病有很好的效果。

桃仁猪蹄汤

65分钟
鲜香美味
固精强腰

本菜品具有润肠通便、补虚养身、健脑益智、固精强腰的功效。其中的核桃可以减少肠道对胆固醇的吸收，对动脉硬化和冠心病患者有益。

主料

猪蹄 300 克
核桃仁 100 克
花生米 50 克
枸杞子适量
葱段适量
高汤适量

配料

盐适量

做法

1. 将猪蹄洗净后切块。
2. 将核桃仁、花生米洗净备用。
3. 炒锅上火，倒入高汤，下入猪蹄、核桃仁、枸杞子、葱段、花生米，调入盐，煲至熟即可。

小贴士

核桃有黑发的作用，秋冬季是吃核桃的最佳时节。

雪豆蹄花汤

180 分钟
汤浓味美
壮腰补膝

雪豆能和中下气、通利小便；猪蹄能美容护肤、填肾补精、壮腰补膝。搭配食用，效果更佳。

主料

猪蹄 300 克
雪豆 100 克

配料

盐 2 克
料酒适量

做法

1. 将猪蹄洗净后剁件。
2. 将雪豆洗净并泡发。
3. 净锅上火，放入清水、猪蹄、雪豆，大火煮沸，去除浮沫，调入盐、料酒。
4. 转用小火慢炖 2 ~ 3 小时即可。

小贴士

雪豆体型较大，不易煮熟，所以需要提前用水泡软。

萝卜玉米猪尾汤

50分钟
汤浓味美
强腰壮骨

本菜品汤浓味美，常食具有降低血糖、强腰壮骨、防癌抗癌的功效。其中的白萝卜富含膳食纤维，有缓解便秘和排毒的作用。

主料

猪尾骨 150 克
白萝卜 100 克
玉米 120 克
葱花适量

配料

盐适量

做法

1. 将猪尾骨剁块洗净，入开水汆烫。
2. 将白萝卜、玉米洗净后切块。
3. 锅中加清水后煮开，放入猪尾骨煮约 15 分钟。
4. 将白萝卜、玉米加入锅中，续煮至熟，加盐，撒上葱花即可。

小贴士

猪尾含有丰富的蛋白质和胶质，有一定的丰胸效果。

豌豆炖猪尾

50分钟
鲜香爽口
强腰壮骨

猪尾能补阴益髓、强腰壮骨，豌豆能调和脾胃、防癌抗癌，搭配食用，效果更佳。其中的豌豆还含有丰富的维生素A原，有润泽皮肤的作用。

主料

猪尾300克
豌豆200克
姜片适量

配料

盐3克

做法

1. 将猪尾除去毛，洗净，斩成段。
2. 将豌豆泡发，洗净。
3. 再将猪尾段下入沸水中焯去血水。
4. 将猪尾放入锅中，加入豌豆、姜片炖至熟烂，加入盐调味即可。

小贴士

猪尾多用于烧、卤、酱、凉拌等烹调方法。

山药枸杞牛肉汤

80 分钟
鲜香爽滑
强健筋骨

山药能补脾养胃、生津益肺、补肾涩精；牛肉能强健筋骨、增强免疫力。搭配食用，效果更佳。

主料

新鲜山药 450 克
枸杞子 10 克
牛腱肉 400 克

配料

盐 2 克

做法

1. 将牛腱肉切块，洗净，汆烫后捞起。
2. 将山药削皮，洗净后切块。
3. 将枸杞子洗净。
4. 将牛腱肉盛入煮锅，加入适量水，以大火煮开，转小火炖 1 小时。加入山药、枸杞子续煮 10 分钟，加盐调味。

小贴士

腱子肉内藏筋，硬度适中，纹路规则，最适合做成卤味。

土豆煲牛肉

60分钟
鲜香肉嫩
强健筋骨

本菜品具有健脾和胃、增强气力、强健筋骨、延缓衰老的功效。其中的牛肉含有丰富的蛋白质等，有提高机体抗病能力的作用。

主料

土豆120克
牛肉300克
葱花适量
姜适量

配料

生抽适量
盐适量
料酒适量

做法

1. 将牛肉洗净，切成块；将姜洗净，去皮后切片；将土豆洗净，去皮后切滚刀块。
2. 将水烧开，放入牛肉块汆烫，捞出沥水。
3. 瓦煲加清水，入牛肉、姜片，煲至牛肉熟，放入土豆，改用中火煲至熟烂，加入调味料，撒上葱花即可。

小贴士

一周食用一次牛肉即可，不宜过量食用。

酱烧牛小排

18分钟
酱香浓郁
强健筋骨

牛小排能补中益气、强健筋骨；洋葱能提神醒脑、缓解疲劳；青甜椒能增进食欲、防癌抗癌。搭配食用，效果更佳。

主料

牛小排400克
洋葱50克
青甜椒50克
蒜10克

配料

盐3克
XO酱适量
红酒适量
油适量

做法

1. 将洋葱、青甜椒洗净后切丝。
2. 将牛小排处理干净并切片。
3. 热锅下油，放入牛小排煎至略熟，盛出。
4. 将蒜去皮，用余油爆香，加入洋葱、青甜椒及盐、XO酱、适量清水、红酒煮开，最后加入牛小排煎至入味。

小贴士

牛小排肉质鲜美，有大理石纹，适合用以烤、煎、炸和红烧。

煎牛小排

20 分钟
鲜香肉嫩
补虚强身

本菜品具有补中益气、强健筋骨、防癌抗癌的功效。其中的芹菜叶、茎中含有芹菜苷和挥发油等，有降血压、防治动脉粥样硬化的作用。

主料

牛小排 450 克
洋葱 50 克
芹菜适量
柠檬片 120 克
葱末适量
红甜椒片适量
蒜末适量

配料

酱油适量
料酒适量
油适量

做法

1. 将芹菜、洋葱洗净后切末。
2. 将柠檬片、红甜椒片摆盘。
3. 将牛小排加入洋葱、芹菜、葱及酱油、料酒拌匀略腌，入油锅中煎至金黄色，盛出。
4. 将葱、蒜、洋葱炒香，加入牛小排炒熟，再加入酱油炒匀即可。

小贴士

牛肉受风吹后易变黑，进而变质，应注意储藏。

蒜味牛蹄筋

35 分钟
滑爽酥香
强筋壮骨

本菜品滑爽酥香，常食具有补中益气、补虚养血、强筋壮骨的功效。其中的牛蹄筋对腰膝酸软、身体瘦弱者有很好的食疗作用。

主料

牛蹄筋 400 克
熟芝麻 8 克
葱花 10 克
蒜蓉适量
黄瓜片适量
红甜椒粒适量

配料

盐 2 克
酱油适量
香油适量

做法

1. 将牛蹄筋洗净，入开水锅煮透，回软成透明状，捞出后切片。
2. 将牛蹄筋加入盐、酱油、香油搅拌均匀。
3. 将熟芝麻、葱花、蒜蓉、红甜椒粒撒在牛蹄筋上面，饰以黄瓜片即可。

小贴士

宜选用色泽白亮、肉质透明、质地紧密且富有弹性的牛蹄筋。

香菇烧蹄筋

35 分钟
鲜香可口
补虚强身

牛蹄筋能补虚养血、强筋壮骨；香菇能降压降脂、防癌抗癌；上海青能降低血脂、增强免疫力。搭配食用，效果更佳。

主料

牛蹄筋 150 克
香菇 150 克
上海青 200 克
青甜椒 20 克
红甜椒 20 克

配料

盐 2 克
酱油适量
油适量

做法

1. 将牛蹄筋洗净，切块，下沸水煮熟，捞出。
2. 将香菇及青甜椒、红甜椒分别洗净，切块。
3. 将上海青洗净，焯熟，摆盘。
4. 将油锅烧热，放入香菇、青甜椒和一半红甜椒炒至断生，加牛蹄筋翻炒均匀，加盐、酱油调味，装盘，饰以红甜椒块即可。

小贴士

常食用上海青有助于保养皮肤和眼睛。

生菜牛筋

70 分钟
脆嫩可口
补虚养血

常食用本菜品具有补中益气、补虚养血、强筋壮骨、增强免疫力的功效。其中的生菜可加强蛋白质和脂肪的消化与吸收，改善胃肠的血液循环。

主料

牛筋 300 克
生菜 80 克
香菜适量
葱花适量

配料

盐适量
柱侯酱 6 克
秘制香料 10 克
老抽适量
八角适量
草果 5 克

做法

1. 将牛筋泡发，洗净后斩段。
2. 将生菜、香菜洗净。
3. 将盐、柱侯酱、八角、草果、老抽、秘制香料调制成卤水。
4. 将牛筋放入卤水中煲约 1 小时，捞出于锅中煎 2 分钟，生菜装盘，放上熟牛筋，撒上葱花和香菜即可。

小贴士

烹制牛羊肉时，放点草果，既能驱避膻味，又能使菜品清香可口。

鸭肉炖大豆

80 分钟
味美汤浓
滋养五脏

鸭肉能养胃生津、益阴补血、滋养五脏；大豆能健脾宽中、美容护肤、增强免疫力。搭配食用，效果更佳。

主料

鸭肉 150 克
大豆 200 克
上汤适量

配料

盐适量

做法

1. 将鸭肉洗净，斩块。
2. 将大豆洗净后泡软。
3. 将鸭块与大豆一起入锅中过沸水，捞出。
4. 上汤倒入锅中，放入鸭肉和大豆，炖 1 小时，调入盐即可。

小贴士

大豆过一下沸水，是为了去除豆腥味。

咖喱牛筋煲

20 分钟
酱香浓郁
补肝强筋

常食本品有补肝强筋、增加气力的功效。其中的牛筋含有丰富的胶原蛋白，可使皮肤富有弹性，还有强筋壮骨、强腰补膝的作用。

主料

卤牛筋 300 克
粉丝 100 克
葱 8 克
蒜适量
高汤适量

配料

酱油适量
咖喱粉适量

做法

1. 将卤牛筋切片。
2. 将粉丝泡软捞出，对切一半。
3. 将葱洗净，切片。
4. 将蒜去皮，洗净后切片。
5. 锅中倒入高汤煮开，加葱片、蒜片及酱油、咖喱粉煮开，放入牛筋及粉丝焖至入味，盛入煲锅，即可端出。

小贴士

把材料和咖喱混合，让它入味，才能做出好咖喱菜。

土豆炖羊肉

80分钟
鲜香可口
补肾壮阳

土豆能健脾和胃、益气调中、排毒养颜；羊肉能暖中祛寒、温补气血、补肾壮阳。搭配食用，效果更佳。

主料

土豆250克
羊肉250克
葱段适量
姜丝适量
蒜片5克

配料

酱油适量
八角适量
料酒适量
盐适量
油适量

做法

1. 将羊肉洗净，切块后汆水。
2. 将土豆削皮，洗净后切块。
3. 起油锅，下入土豆块炸透，沥油。
4. 将净锅置于火上，加入羊肉、姜丝、蒜片、水和所有调味料，烧沸后改小火，炖至八成熟时加入土豆块烧沸，用小火炖至熟烂。
5. 撒上葱段即可食用。

小贴士

羊肉温热而助阳，吃羊肉最好同时吃些白菜、粉丝等。

红枣牛尾汤

50分钟
汤浓味美
强筋壮骨

牛尾能补气养血、强筋壮骨；红枣能养血安神、健脾补血。搭配食用，效果更佳。

主料

牛尾400克
红枣15克
枸杞子3克

配料

料酒适量
盐适量

做法

1. 将牛尾处理干净，按节剁成段，放入水中汆一下。
2. 将红枣、枸杞子洗净。
3. 锅中加清水，放入牛尾煮沸，再放入料酒、红枣、枸杞子。
4. 煲半个小时，起锅前加盐即可。

小贴士

新鲜牛尾要求肉质红润，脂肪和筋质色泽雪白，有光泽。

雪山牛尾

30 分钟
脆嫩可口
补气养血

本菜品具有增进食欲、补气养血、强筋壮骨、防癌抗癌的功效。其中的葱有温暖身体、提高人体抵抗力等作用。

主料

牛尾 400 克
青甜椒 15 克
红甜椒 15 克
葱适量
姜适量

配料

盐 2 克
八角适量
料酒适量
糖色适量
油适量

做法

1. 将姜、葱洗净，葱切段，姜切片；将牛尾洗净，剁成节，过水后入高压锅，加水、八角、葱、姜煮开；将青甜椒、红甜椒洗净，切段。
2. 调入盐、料酒、糖色煮 12 分钟；另起锅入油，将青甜椒段、红甜椒段、葱、姜炒香，加入牛尾，烧至收汁。

小贴士

牛尾适合生长期的儿童及青少年、术后体虚者食用。

炭烧羊鞍

20分钟
鲜香酥嫩
补肾强身

本菜品鲜香酥嫩，常食具有补肾壮阳、开胃健脾的功效。其中的蒜能降低胆固醇及血脂，增强血管弹性，减少心脏病的发作。

主料

羊鞍250克
生菜100克
圣女果1个
蒜蓉5克
香草适量

配料

盐2克
牛油适量
烧汁适量

做法

1. 将羊鞍解冻，切件，放入盐腌2～3分钟。
2. 将生菜、圣女果洗净备用。
3. 将羊鞍放入炭炉中，烧至熟装碟。
4. 热锅煮开牛油，放入香草、蒜蓉炒香，放入烧汁煮开，淋在羊鞍上，装盘，以生菜、圣女果装饰即可。

小贴士

羊肉尤其适宜身体虚弱、手足不温及腰酸阳痿之人食用。

新派羊排

18 分钟
酥嫩可口
补肾壮阳

羊排能温补气血、补肾壮阳；甜椒能增进食欲、防癌抗癌；洋葱能降低血压、提神醒脑。搭配食用，效果更佳。

主料

羊排 300 克
青甜椒 10 克
红甜椒 10 克
洋葱 15 克

配料

盐 3 克
油适量
孜然适量

做法

1. 将羊排洗净，斩段；将青甜椒、红甜椒洗净，切丁；将洋葱洗净，切丁。
2. 将羊排放入沸水中汆熟，捞出，再入油锅中炸至金黄色，捞出沥油。
3. 锅中放入青甜椒、红甜椒和洋葱丁炒香，放入羊排，调入调味料炒匀即可。

小贴士

炒洋葱时可以慢火加热，这样做出来的洋葱会更加美味。

蜜汁羊排

30分钟
味美甜香
温补气血

本菜品味美甜香，常食具有开胃健脾、温补气血、延缓衰老的功效。其中的蜂蜜可以保护肝脏，促使肝细胞再生，抑制脂肪肝的形成。

主料

羊排骨 450 克
水淀粉适量

配料

酱油适量
白糖 5 克
油适量
蜂蜜 20 毫升

做法

1. 将羊排骨洗净，斩小件，加酱油腌渍片刻。
2. 将油锅置于火上，烧至八成热时，下入羊排骨，炸至金红色时捞出沥油，放碗内摆好。
3. 将白糖和蜂蜜用少量清水调匀，倒入碗中，入屉将其蒸至酥烂，取出后将羊排骨倒扣于盘中，碗中蜜汁倒入炒锅内，加水淀粉勾成薄芡，浇在羊排骨上便成。

小贴士

蜂蜜含有多种人体不可或缺的微量元素，是天然的美容保健品。

山药羊排煲

45 分钟
馨香味美
滋补强壮

羊排能补虚养血、强健筋骨；山药能补脾养胃、滋补强壮；枸杞子能滋补肝肾、益精明目。搭配食用，效果更佳。

主料

羊排 250 克
山药 100 克
枸杞子 5 克
葱 6 克
香菜 5 克

配料

油适量
盐适量

做法

1. 将羊排洗净，切块后汆水；将山药去皮，洗净切块；将枸杞子洗净；将葱洗净，切葱花；将香菜洗净，切碎。
2. 炒锅上火，倒入油，将葱花爆香，加入水，下入羊排、山药、枸杞子，调入盐，煲至熟。
3. 撒入香菜即可食用。

小贴士

羊肉性热，如果在冬季常吃羊肉，不仅可以增加人体热量，抵御寒冷，还能帮助脾胃消化。

红白萝卜羊骨汤

130 分钟
汤浓味美
强筋壮骨

本菜品汤浓味美，常食具有利尿通便、补中益气、增强免疫力、强筋壮骨的功效。

主料

羊骨 250 克
白萝卜 100 克
胡萝卜 150 克
葱花 3 克
姜片 6 克
上汤适量
香菜适量

配料

盐适量

做法

1. 将胡萝卜、白萝卜洗净，均切成大块。
2. 将羊骨洗净，砍成段。
3. 锅中加入上汤，下入羊骨煲 2 小时，再下入胡萝卜、白萝卜继续煲。
4. 加入盐、葱花、姜片调味，装碗，撒上香菜即可。

小贴士

白萝卜具有消食化痰、解毒生津、利尿通便的功效。

卤鸡腿

50分钟
味美鲜香
补虚填精

鸡腿能温中益气、补虚填精、强筋健骨；甜椒能增进食欲、防癌抗癌；姜能改善睡眠、增强免疫力。搭配食用，效果更佳。

主料

鸡腿 400 克
红椒 20 克
香菜 20 克
蒜 20 克
葱 10 克
姜 30 克

配料

综合卤包 1 个
酱油适量
冰糖适量
料酒适量

做法

1. 将蒜去皮后洗净，拍碎；将红椒、葱洗净并切段；将姜去皮，切片；将香菜洗净。
2. 将鸡腿洗净，放入开水，加一半葱、姜汆烫后捞出。
3. 锅中放入另一半葱和姜、蒜及鸡腿，加入水、酱油、冰糖、料酒、综合卤包大火煮开，小火焖透，捞出鸡腿，切成块，放入盘中，撒上红椒及香菜叶即可食用。

小贴士

姜皮性凉，可以和姜肉保持凉热平衡，因此熬汤时可少去皮或不去皮。

三鲜烩鸡片

35分钟
酸香可口
补肾益精

鸡肉能益气养血、补肾益精；竹笋能清热益气、开胃健脾；西红柿能健胃消食、祛斑美白。搭配食用，效果更佳。

主料

蟹柳150克
鸡肉150克
玉米笋80克
竹笋80克
香菇80克
西红柿100克
上汤适量

配料

盐适量
油适量

做法

1. 将所有原材料洗净。鸡肉切片；将玉米笋切菱形；将蟹柳切菱形；将香菇切片；西红柿去皮，切片；将竹笋切小段。
2. 将玉米笋、蟹柳、香菇、竹笋焯水。
3. 锅置大火上，下入油，放入鸡肉略炒，再把材料一起炒匀至熟，倒入上汤，使菜煨至入味，加盐调味，起锅即可。

小贴士

脾胃虚寒及月经期间的女性不宜生吃西红柿。

太子鸡鱼翅汤

80 分钟
鲜香可口
补肾强精

鸡肉能益气养血、补肾强精；鱼翅能补血益气、益精强筋；枸杞子能降低血糖、补肝益肾。搭配食用，效果更佳。

主料

太子鸡 250 克
鱼翅 50 克
葱段适量
姜片适量
枸杞子适量

配料

盐 3 克
姜汁适量
料酒适量

做法

1. 将太子鸡处理干净，斩大件，加料酒后焯水。
2. 将鱼翅加姜汁后焯水，放入砂锅中。
3. 加鸡肉、葱段、姜片、料酒、枸杞子、热水烧开，炖 1 小时，去掉葱段、姜片。
4. 加盐调味即可。

小贴士

外邪实热、脾虚有湿及泄泻者忌服枸杞子。

虫草花老鸡汤

100 分钟
汤浓味美
强身壮体

本菜品汤浓味美，常食具有温中益脾、补气养血、补肾益精、强身壮体的功效。

主料

虫草花 50 克
老母鸡 400 克

配料

盐适量

做法

1. 将老母鸡处理干净，切件。
2. 将虫草花洗净，然后用水浸泡一段时间。
3. 将洗净后的老母鸡放入砂锅中，加水，大火炖煮 1 个小时。
4. 将虫草花放入砂锅中，炖煮 20 分钟后加入适量盐调味即可。

小贴士

虫草花俗名不老草，是上等的滋补佳品。

人参土鸡汤

45 分钟
鲜香爽滑
增强免疫力

土鸡能益肾补脑、增强免疫力；人参能大补元气、安神益智；姜能调和内脏、促进食欲。搭配食用，效果更佳。

主料

土鸡 250 克
人参 15 克
姜片 2 克
枸杞子适量
香菜适量

配料

盐 2 克

做法

1. 将土鸡洗净，斩块后汆水。
2. 将人参、枸杞子、香菜洗净备用。
3. 汤锅上火，倒入水，下土鸡、人参、枸杞子、姜片，调入盐煲至熟，撒上香菜即可。

小贴士

人参具有美容的功效，是护肤美容的佳品。

鸡肉丸子汤

20 分钟
汤浓味美
滋补强身

鸡肉能益气养血、滋补强身；豌豆能补肝养胃、健脑益智；鸡蛋能滋阴养血、延缓衰老。搭配食用，效果更佳。

主料

鸡肉 150 克
玉米笋 50 克
豌豆 50 克
鸡蛋 1 个
葱末适量
姜末适量
高汤适量

配料

盐适量

做法

1. 将鸡肉洗净，剁泥，加鸡蛋液、葱末、姜末、盐制成丸子。
2. 将玉米笋洗净，对半剖开，与豌豆一起过沸水。
3. 将丸子下锅煮至熟。
4. 加入玉米笋、豌豆，倒入高汤，煮至入味即可。

小贴士

更年期妇女、糖尿病和心血管病患者最适宜吃豌豆。

金针菇鲤鱼汤

30 分钟
鲜香爽滑
补虚强身

鲤鱼能补脾健胃、利水消肿、补虚强身；金针菇能补肝益胃、降低血脂、增强记忆力。搭配食用，效果更佳。

主料

鲤鱼 1 条
金针菇 400 克
香菜末适量
枸杞子 5 克
姜片 5 克
高汤适量

配料

盐适量
油适量
料酒适量

做法

1. 将鲤鱼处理干净；将金针菇择洗干净，切成段；将枸杞子洗净，泡好备用。
2. 起油锅，加入高汤，入鲤鱼、姜片，烹入料酒，用大火烧开后改小火焖熟，放入金针菇、枸杞子，加入盐，除去姜片。
3. 盛入汤盆中，撒上香菜即可。

小贴士

脾胃虚寒者不宜食用太多金针菇。

党参煲牛蛙

50分钟
香甜美味
强身健体

排骨能滋阴润燥、强身健体；牛蛙能滋阴壮阳、益气补血；党参能补中益气、健脾益肺；红枣能养血安神、健脾补血。搭配食用，效果更佳。

主料

牛蛙 200 克
排骨 50 克
党参 10 克
红枣 10 克
姜 10 克

配料

盐 3 克
白糖 5 克

做法

1. 将牛蛙处理干净，砍成块。
2. 将排骨洗净后砍块。
3. 将姜洗净，切片。
4. 将党参、红枣洗净。
5. 将瓦煲内注入清水，加入姜、牛蛙、排骨、党参、红枣，用中火先煲 30 分钟。
6. 调入盐、白糖，煲 10 分钟即可。

小贴士

脾胃虚弱或胃酸过多的患者最宜吃蛙肉。

鸭掌扣海参

30分钟
爽滑可口
益气补虚

本菜品鲜香味美，爽滑可口，常食具有滋阴养血、益气补虚、补肾益精、增强免疫力的功效。

主料

鸭掌200克
水发海参适量
淀粉10克
上汤适量

配料

盐3克
生抽适量
油适量
蚝油适量
香油适量

做法

1. 将鸭掌处理干净，用热油炸至发白时捞出待用。
2. 上汤加盐、蚝油和生抽调味，再放入鸭掌慢火煨至熟烂，加海参煨透，装盘。
3. 将上汤烧开，加淀粉勾芡，淋香油，浇在鸭掌和海参上即可食用。

小贴士

海参一定要干燥，不干的海参容易变质。

沙参鱼汤

38 分钟
鲜香可口
养肝补血

鱼肉能滋补健胃、养肝补血；南沙参能清热养阴、润肺止咳；桂圆能补脾益胃、养心安神。搭配食用，效果更佳。

主料

鱼肉 150 克
南沙参 100 克
桂圆 30 克
葱段 5 克
姜片 5 克
芹菜段 3 克
红甜椒段适量

配料

盐适量
油适量

做法

1. 将鱼肉处理干净，切块，汆水待用。
2. 将南沙参、桂圆洗净备用。
3. 净锅上火，倒油，将葱、姜炝香，倒入水，下入鱼肉、南沙参、芹菜段、桂圆，小火煲至熟，调入盐，撒入红甜椒段即可。

小贴士

南沙参以粗细均匀、肥壮、色白者为佳。

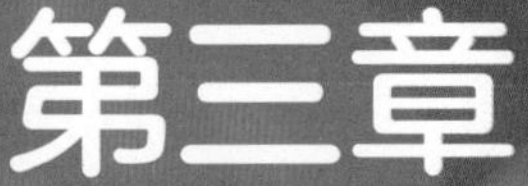

第三章

提神健脑这样吃

大脑是人体精神活动的中心。脑力充沛时，人的思维活跃；脑力不足时，人会反应迟钝。健脑食物通常是指能对人类脑部起到保养作用的食物。多食有健脑作用的食物，能有效地改善大脑功能。

芝麻菜心

8 分钟
香脆爽口
健脑益智

本菜品香脆爽口，常食具有补血明目、生津通乳、强身健体、健脑益智的功效。

主料

菜心 300 克
熟芝麻 50 克
姜 10 克
红甜椒丝适量
葱丝适量

配料

盐 3 克
香油适量
酱油适量
醋适量

做法

1. 将菜心择洗干净。
2. 将菜心放入沸水锅内烫一下捞出，用凉开水过凉，沥干水，放入盘中。
3. 将姜洗净后切末，放入碗中，加入盐、酱油、醋、香油拌匀，浇在菜心上，撒上熟芝麻、红甜椒丝、葱丝即可。

小贴士

菜心是广东的特产蔬菜，品质柔嫩，风味可口。

芝麻炒小白菜

12 分钟
清醇爽口
强身健体

本菜品清醇爽口，常食具有通利胃肠、强身健体、生津通乳、抵抗衰老的功效。

主料

小白菜 400 克
白芝麻 15 克
姜丝 10 克
红甜椒丝适量

配料

盐适量
油适量

做法

1. 放少许白芝麻到锅里，锅热后转小火，翻炒芝麻，炒出香味后盛盘。
2. 将小白菜洗净；锅中加油烧热，放姜丝炝锅，再放入小白菜，大火快炒，然后放盐调味，等菜熟时把白芝麻放下去，翻炒两下即可装盘，撒上红甜椒丝。

小贴士

小白菜因质地娇嫩，容易腐烂变质，应随买随吃。

菠菜拌核桃

8 分钟
鲜香脆嫩
健脑益智

本菜品鲜香脆嫩，常食具有润肠通便、补血养颜、健脑益智、抵抗衰老的功效。其中的菠菜能促进胰腺分泌，帮助消化。

主料

菠菜 400 克
核桃仁 150 克
青樱桃适量
红樱桃适量

配料

盐 2 克
蚝油适量
香油适量

做法

1. 将菠菜洗净，焯水，装盘待用。
2. 将核桃仁洗净，入沸水锅中焯水至熟，捞出，倒在菠菜上。
3. 将青樱桃、红樱桃洗净，对切。
4. 用香油、蚝油、盐调成味汁，淋在菠菜核桃仁上，搅拌均匀，装盘，饰以樱桃即可。

小贴士

菠菜以色泽浓绿、茎叶不老且无抽薹开花者为佳。

炖南瓜

15 分钟
软糯可口
增强免疫力

本菜品鲜香味美，常食具有降脂降糖、清热解毒、补中益气、增强免疫力的功效。

主料

南瓜 300 克
葱 10 克
姜 10 克

配料

盐适量
油适量

做法

1. 将南瓜去掉皮和瓤，切成厚块。
2. 将葱洗净，切段。
3. 将姜去皮，切丝。
4. 锅上火，加油烧热，下入姜丝、葱段炒香，再下入南瓜，加入适量清水炖 10 分钟，调入盐即可。

小贴士

南瓜炖好后也可与牛奶一起拌成糊食用。

10分钟
清香爽口
补血养颜

菠菜粉丝

本菜品清香爽口，常食具有健胃消食、补中益气、补血养颜、增强免疫力的功效。

主料

菠菜100克
粉丝50克
胡萝卜100克
熟芝麻5克
蒜末6克
姜末6克
葱花6克

配料

生抽适量
盐适量
醋适量
油适量

做法

1. 将粉丝泡软，洗净。
2. 将胡萝卜洗净，切丝。
3. 将菠菜洗净，备用。
4. 锅中放水，烧沸，分别放入粉丝、胡萝卜丝、菠菜，焯烫至熟，捞出沥干水分，装盘，撒上少许熟芝麻。
5. 锅内放油烧热，将姜末、蒜末、葱花炒香，盛出，加入其他调味料拌匀，淋到菠菜、粉丝上即可。

小贴士

胡萝卜亮橘黄色表明胡萝卜素含量高。

菠菜芝麻卷

10分钟
味美鲜香
补脑益智

菠菜能补血养颜、促进发育；豆皮能健脾宽中、补脑益智；芝麻能祛风润肠、强身健体。搭配食用，效果更佳。

主料

菠菜 200 克
豆皮 120 克
芝麻 10 克
圣女果适量

配料

盐适量
香油适量
酱油适量

做法

1. 将菠菜洗净；将芝麻炒香，备用。
2. 将豆皮放入沸水中，加入调味料煮 1 分钟，捞出；将菠菜汆熟后捞出，沥干水分，切碎，同芝麻拌匀；将圣女果洗净，对切。
3. 将豆皮平放，放上菠菜，卷起，切成棱形，装盘，饰以圣女果即可。

小贴士

豆皮很适合儿童、老年人以及孕妇食用。

芝麻包菜

10分钟
健脑强身
鲜香爽口

本菜品鲜香美味，常食具有补血明目、祛风润肠、滋润脏腑、健脑强身的功效。其中的包菜对皮肤美容也有一定的作用。

主料

黑芝麻10克
包菜嫩心400克

配料

盐适量
油适量

做法

1. 将芝麻洗净，放入锅内，用小火慢炒，当炒至芝麻发出香味时盛出晾凉。
2. 将包菜嫩心洗净，切小片。
3. 炒锅上火，放油后烧热，投入包菜嫩心炒1分钟，后加盐，用大火炒至熟透发软，起锅装盘，撒上芝麻拌匀即可食用。

小贴士

包菜适于炒、炝、拌、熘等，可与西红柿一起做汤。

8分钟
脆嫩鲜香
镇静安神

虾米白萝卜丝

虾米能镇静安神、通乳催乳；白萝卜能解毒生津、凉血止血；甜椒能增进食欲、降脂减肥。搭配食用，效果更佳。

主料

虾米 50 克
白萝卜 350 克
姜 5 克
红甜椒 20 克
葱段适量

配料

盐 2 克
料酒适量
油适量

做法

1. 将虾米泡发后洗净；将白萝卜洗净，切丝；将姜洗净，切丝；将红甜椒洗净，切小片。
2. 炒锅置火上，加水烧开，下入白萝卜丝焯水，倒入漏勺滤干水分盛盘。
3. 将油烧热，倒入虾米、红甜椒、姜丝，加盐、葱段、料酒推匀，起锅倒在白萝卜丝上即可。

小贴士

虾米烹饪前须清洗，一般第一遍泡出的水不要使用。

红椒核桃仁

8 分钟
鲜香可口
益智强身

常食用本菜品具有益脾和胃、生津止渴、健脑益智、补虚强身的功效。其中的核桃仁富含油脂，有利于润泽肌肤，保持人体活力。

主料

核桃仁 300 克
荷兰豆 150 克
红甜椒 30 克
黄瓜片适量
胡萝卜片适量

配料

盐 3 克
香油适量

做法

1. 将荷兰豆洗净，切段，入盐水锅焯水后捞出，摆入盘中。
2. 将红甜椒洗净，切菱形片，与核桃仁、荷兰豆同拌，调入盐、香油拌匀，装盘，周围饰以黄瓜片、胡萝卜片即可。

小贴士

荷兰豆一定要煮熟了才能食用。

红枣百合扣南瓜

25分钟
软糯鲜香
养血安神

南瓜能润肺益气、促进发育；百合能养阴润肺、清心安神；红枣能养血安神、补血美容。搭配食用，效果更佳。

主料

老南瓜150克
百合20克
红枣30克

配料

白糖150克

做法

1. 将红枣、百合洗净备用。
2. 将南瓜去皮，洗净后切成半圆形。
3. 将南瓜逐次摆入碗中，再放上红枣、百合，均匀撒上白糖。
4. 上笼蒸20分钟即可。

小贴士

蒸南瓜的时间与南瓜的大小有关，体积越小，所需时间越短。

虎皮蛋烧肉

100分钟
爽滑可口
强身健脑

本菜品呈金黄虎皮色，口感略带弹性，常食具有补益气血、强身健脑、丰肌泽肤、美容养颜等功效。

主料

五花肉 400 克
鹌鹑蛋 20 个
水淀粉适量
葱花适量

配料

盐适量
酱油适量
白糖适量
油适量

做法

1. 将五花肉洗净，入锅煮熟后切成块；将鹌鹑蛋煮熟，去壳，用酱油拌匀。
2. 油烧热时下入鹌鹑蛋，炸至金黄色捞出。
3. 锅中留油，下入五花肉块、盐、酱油、白糖，炒至五花肉皮糯，再下入鹌鹑蛋翻炒，以水淀粉勾芡，装盘，撒上葱花即成。

小贴士

盐不要急于放，否则肉就硬了，不易炖烂。

肉蛋小炒

27 分钟
滋味鲜香
滋阴润燥

本菜品滋味鲜香，常食具有补虚强身、滋阴润燥、补脑益智、补肺养血的功效。

主料

猪肉 250 克
鸡蛋 2 个
青甜椒 80 克
红甜椒 80 克
芹菜叶适量
黄瓜片适量
圣女果适量

配料

盐 2 克
油适量

做法

1. 将猪肉洗净，切片；将青甜椒、红甜椒洗净，切片；将鸡蛋打散备用；将芹菜叶、圣女果洗净。
2. 起油锅，放入搅匀的鸡蛋，煎成鸡蛋饼后起锅，切成小块。另起油锅，入青甜椒、红甜椒炒香，放入猪肉炒至八成熟，再放入鸡蛋炒匀。
3. 加盐调味，装盘，饰以芹菜叶、黄瓜片、圣女果即可。

小贴士

猪肉不宜长时间泡水。

8 分钟
清醇爽口
延缓衰老

红油袖珍菇

本菜品清醇爽口，常食具有舒筋活络、强筋壮骨、增强免疫力、延缓衰老的功效。

主料

袖珍菇 300 克
葱花 2 克

配料

盐适量
红油适量

做法

1. 将袖珍菇洗净，放入沸水中焯烫后捞出，盛入盆内。
2. 将盆内加入红油、葱花、盐一起拌匀。
3. 将拌好的袖珍菇装盘即可。

小贴士

发好的袖珍菇要放在冰箱里冷藏才不会损失营养。

胡萝卜拌大豆

12 分钟
干脆爽口
补中益气

本菜品干脆爽口，常食具有补中益气、健胃消食、补脑益智、增强免疫力的功效。其中的大豆含有多种矿物质，能补充钙质，可防止因缺钙引起的骨质疏松。

主料

胡萝卜 300 克
大豆 100 克

配料

盐 3 克
香油适量

做法

1. 将胡萝卜削去头、尾，洗净，切成丁，放入盘内。
2. 将胡萝卜丁和大豆一起入沸水中焯烫，捞出沥水。
3. 将大豆和胡萝卜丁加入盐、香油，拌匀即成。

小贴士

在炒大豆时，滴几滴料酒，再放入少许盐，豆腥味会少得多。

卤东坡肉

100 分钟
味美滑嫩
补血养颜

本菜品味美滑嫩，肥而不腻，色、香、味俱全，常食具有补肾养血、滋阴润燥、补血养颜、益气强身的功效。

主料

五花肉 450 克
香菜叶适量
西蓝花 30 克

配料

冰糖 20 克
料酒适量
酱油适量
卤水适量
盐适量
八角适量

做法

1. 将五花肉洗净，切成四方形，用棉绳绑好备用。
2. 将西蓝花洗净，焯水后捞出。
3. 将卤水倒入锅中，放入五花肉，加入所有调味料，用小火熬煮至出味，再倒入陶瓮中，慢慢煮至熟烂，放入西蓝花，饰以香菜即可。

小贴士

应选用含三层瘦肉的五花肉。

东坡肉

100 分钟
软糯可口
滋阴润燥

本菜品色泽红亮，味醇汁浓，软糯可口，常食具有补虚强身、补肾养血、滋阴润燥、增强免疫力的功效。

主料

五花肉 400 克
西蓝花 100 克
葱适量
姜适量

配料

白糖适量
酱油适量
料酒适量

做法

1. 将五花肉洗净，入锅煮至八成熟；将西蓝花洗净，掰成小朵，焯熟；将葱洗净，切成段；将姜洗净后拍烂。
2. 将大砂锅中垫上一个小竹架，铺上葱段、姜末，摆上五花肉，加料酒、酱油、白糖和适量水。
3. 盖上盖，焖 1 小时，至皮酥肉熟时盛盘，摆上西蓝花即可。

小贴士

猪肉胆固醇含量高，肥胖者及血脂较高者不宜食用。

香炒蒜苗腊肉

15 分钟
香辣可口
增强体力

本菜品香辣可口，常食具有开胃消食、滋阴润燥、增强体力的功效。其中的蒜苗对于心脑血管有一定的保护作用。

主料

腊肉 225 克
蒜苗 100 克
红甜椒适量
高汤适量

配料

白糖适量
料酒适量
油适量
香油适量

做法

1. 将蒜苗洗净，切段。
2. 将红甜椒洗净，去蒂及籽，切片。
3. 将腊肉洗净，切片。
4. 锅中倒油，烧热，爆香红甜椒片，放入腊肉、料酒、白糖、高汤及蒜苗，快速翻炒入味，淋上香油即可。

小贴士

蒜苗不宜烹制得过烂，以免辣素被破坏，杀菌作用降低。

甜椒红烧肉

70分钟
香嫩酥软
健脑益智

本菜品香嫩酥软，肥而不腻，常食具有补气解热、补虚强身、养心润肺、健脑益智的功效。

主料

五花肉 300 克
红甜椒 30 克
蒜适量

配料

盐 3 克
豆瓣酱 8 克
糖色 30 克
油适量

做法

1. 将五花肉洗净，切成小方块；将红甜椒洗净，切大块；将蒜去皮后洗净。
2. 锅中加油，烧至六成热时下入五花肉，炸出肉内的油，将油盛出，留五花肉在锅里。
3. 锅里放入糖色、豆瓣酱、蒜、红甜椒块，炖 1 小时，再加盐调味即可。

小贴士

炖肉时以前小后大的火候为宜。

南瓜粉蒸肉

70 分钟
浓郁香滑
提神健脑

本菜品浓郁香滑，常食具有润肺益气、补肾养血、滋阴润燥、提神健脑的功效。其中的南瓜富含维生素等成分，有健胃消食的作用。

主料

五花肉 400 克
南瓜 450 克
蒸肉粉适量
葱花适量
红甜椒末适量

配料

酱油适量
甜面酱适量
料酒适量
白糖适量

做法

1. 将五花肉洗净，切片；将酱油、甜面酱、料酒、白糖加凉开水调匀，放入五花肉腌半小时；将南瓜洗净后切瓣状，摆盘。
2. 将蒸肉粉拌入五花肉中，五花肉放入南瓜内，入锅蒸半小时取出。
3. 将葱花、红甜椒末撒在粉蒸肉上即可。

小贴士

南瓜宜煮食，不宜炒食。

天麻炖猪脑

40 分钟
汤浓味美
健脑提神

猪脑能补益脑髓、润泽生肌；天麻能通经活血、息风定惊；红枣能养血安神、健脾养胃。搭配食用，效果更佳。

主料

猪脑 300 克
天麻 10 克
葱 10 克
姜 10 克
枸杞子 10 克
红枣 5 克
高汤适量

配料

盐适量

做法

1. 将猪脑洗净，去净血丝；将葱择洗净，切段；将姜去皮，洗净后切片；将天麻、红枣、枸杞子洗净。
2. 锅中注水，烧开后放入猪脑焯烫，捞出沥水。
3. 将高汤放入碗中，加入所有原材料，调入盐，隔水炖 30 分钟即可。

小贴士

猪脑胆固醇含量极高，不宜多食。

拌口条

30 分钟
脆嫩可口
抵抗病毒

本菜品鲜香味美，脆嫩可口，常食具有增进食欲、温中健脾、抵抗病毒、滋阴润燥的功效。

主料

猪舌 300 克
蒜 5 克
葱 6 克

配料

盐 3 克
香油适量
卤水适量

做法

1. 将猪舌洗净，放入开水中焯去血水，捞出。
2. 将蒜、葱洗净，均切末。
3. 锅中加入卤水烧开，下入猪舌卤至入味。
4. 取出猪舌，切成片，装入碗内，调入盐、香油、蒜末、葱末拌匀即可。

小贴士

猪舌上的白色肉膜在煮熟前可以用手撕去。

咖喱牛腩煲

60分钟
香嫩爽滑
提神醒脑

牛腩能补虚养血、增强体力；洋葱能降低血压、提神醒脑；甜椒能温中散寒、防癌抗癌。搭配食用，效果更佳。

主料

牛腩400克
洋葱片适量
青甜椒片30克
红甜椒片30克
淀粉适量

配料

盐适量
料酒适量
老抽适量
油适量
咖喱粉适量

做法

1. 将牛腩洗净，切成块，加入盐、料酒、老抽、淀粉腌渍。
2. 将咖喱粉加水调匀。
3. 将油锅烧热，下牛腩快速翻炒，盛盘。
4. 另起油锅，入青甜椒片、红甜椒片和洋葱同炒，倒入牛腩炒熟，淋上咖喱水炒匀即可。

小贴士

牛肉受风吹后易变黑，进而变质，因此要注意保管。

南瓜牛柳

70分钟
浓郁香滑
养心润肺

本菜品浓郁香滑，常食具有清热解毒、补中益气、养心安神、养心润肺的功效。

主料

南瓜 100 克
牛柳 250 克
芹菜叶适量

配料

盐 3 克
黑胡椒 3 克
料酒适量

做法

1. 将牛柳洗净，切片，加入盐、料酒、黑胡椒和适量水腌渍入味。
2. 将南瓜去皮后洗净，切块。
3. 将芹菜叶洗净备用。
4. 将牛柳、南瓜摆盘，入锅蒸 1 小时后取出，饰以芹菜叶即可。

小贴士

南瓜的皮富含胡萝卜素和维生素，可连皮一起食用。

黄花菜炒牛肉

8 分钟
鲜香脆软
提神健脑

本菜品鲜香脆软，常食具有补中益气、强筋健骨、提神健脑、抵抗衰老的功效。

主料

黄花菜 150 克
牛瘦肉 200 克
红椒适量
葱适量
姜适量
淀粉适量

配料

盐适量
酱油适量
油适量
胡椒粉适量

做法

1. 将黄花菜浸水后捞出；将牛肉洗净，切丝，加盐、酱油、胡椒粉拌匀；将姜洗净并切丝；将葱、红椒洗净，切段。
2. 将油锅烧热，牛肉过油后捞出。
3. 炒锅上火，放入葱段、姜丝、牛肉、黄花菜、红椒段和其他调味料翻炒，加淀粉勾芡即可。

小贴士

黄花菜不仅美味，还是花卉园艺方面的珍品。

花生羊大排

27 分钟
香酥可口
增强记忆力

羊排能补肾强身、温补气血；生菜能美白养颜、增强免疫力；花生能滋补气血、增强记忆力。搭配食用，效果更佳。

主料

羊排 300 克
生菜 2 片
花生米 20 克
红甜椒丁适量
葱花适量
面粉糊适量

配料

盐 2 克
油适量
酱油适量
料酒适量
孜然粉适量

做法

1. 将羊排洗净，斩段，抹上盐、料酒、酱油腌渍片刻。
2. 将花生米洗净。
3. 将生菜洗净摆盘。
4. 将油锅烧热，放入花生米炸至变色，起锅控油。
5. 将羊排裹上面粉糊，撒上孜然粉，放入烤箱烤熟，取出摆盘。
6. 撒上花生米、红甜椒丁、葱花即可。

小贴士

羊排尤其适宜体虚胃寒者食用。

天麻炖羊脑

80 分钟
润滑可口
补脑益智

本菜品味美汤浓，润滑可口，常食具有定惊止痛、益气养血、补脑益智、增强记忆力的功效。

主料

羊脑 300 克
鸡肉 150 克
天麻 20 克
红枣适量
枸杞子适量

配料

盐 2 克

做法

1. 将羊脑用水冲洗，去掉血丝，冲去异味。
2. 将枸杞子、红枣洗净备用。
3. 将天麻洗净备用；将鸡肉洗净后斩块，汆水。
4. 将鸡肉、天麻、羊脑、枸杞子、红枣一起隔水炖 1 小时，再加盐调味即可。

小贴士

羊脑一定要去除血丝再烹饪。

口蘑羊腿

180分钟
汤浓味美
增强免疫力

羊腿肉能暖中祛寒、温补气血；洋葱能降低血压、提神醒脑；胡萝卜能健胃消食、增强免疫力。搭配食用，效果更佳。

主料

羊腿肉150克
洋葱片50克
胡萝卜片50克
口蘑片适量
香菜适量
肉汤适量

配料

酱油适量
料酒适量
盐适量
油适量

做法

1. 将羊腿肉洗净，切块，用盐、料酒、酱油腌渍2个小时，下入油锅炸至金黄色。
2. 将香菜洗净备用。
3. 将锅内加羊肉、肉汤烧开，转小火煮至八成熟，放入洋葱片、胡萝卜片、口蘑片拌匀，继续煮至羊肉熟，装碗，撒上香菜即可。

小贴士

市场上有泡在液体中的袋装口蘑，含有化学物质，这种口蘑不宜选购。

鲜炒羊肉

30 分钟
爽滑味美
健脑壮骨

羊肉能补肾壮阳、暖中祛寒；西蓝花能降低血压、健脑壮骨；西红柿能健胃消食、防癌抗癌。搭配食用，效果更佳。

主料

羊肉 400 克
西蓝花 300 克
西红柿 1 个
葱白 12 克
水淀粉 10 毫升
鸡蛋清适量

配料

盐 3 克
酱油适量
料酒适量
油适量

做法

1. 将羊肉洗净后切片，加入盐、酱油、鸡蛋清、水淀粉上浆。
2. 将西蓝花洗净，掰成小朵，在加盐的开水里烫熟。
3. 将葱白洗净，切丝。
4. 将西红柿洗净，切成 5 瓣。
5. 将油锅烧热，加羊肉滑散，倒入料酒翻炒，加葱白炒匀，盛盘，用西蓝花围边，西红柿瓣造型放最外围即可。

小贴士

暑热天或发热患者慎食羊肉。

腐乳鸡

70 分钟
芳香浓郁
补虚养身

本菜品芳香浓郁，爽滑可口，常食具有温中补脾、益气养血、补虚养身、增强体力的功效。

主料

鸡腿 200 克
豆腐乳 4 块
腐乳汁 20 毫升
红甜椒块 15 克
葱段 10 克
淀粉 20 克

配料

盐 3 克
油适量

做法

1. 将鸡腿洗净，剁小块备用。
2. 将豆腐乳压成泥，与腐乳汁、鸡块拌匀，腌 1 小时至入味。
3. 将腌好的鸡块沾上淀粉，放入七成热的油锅中，用中火炸至酥黄，捞出沥油。
4. 将油、盐、红甜椒块、葱段入锅炒香，再加入鸡块炒匀即可。

小贴士

豆腐乳可单独食用，也可用来烹调风味独特的菜肴。

糖醋鸡丁

20 分钟
酸甜可口
延缓衰老

本菜品酸甜可口，常食具有增进食欲、补肾益精、延缓衰老的功效。其中的柠檬富含维生素 C，有增强人体免疫力等多种功效。

主料

鸡胸肉 300 克
青甜椒 100 克
柠檬 100 克
西红柿 120 克
蛋清适量
淀粉适量

配料

酱油适量
白糖适量
醋适量
番茄酱适量
油适量

做法

1. 将青甜椒、柠檬、西红柿洗净后均切片。
2. 将鸡胸肉洗净后切丁，加蛋清及酱油、淀粉拌匀并腌 15 分钟。
3. 起油锅，放入鸡丁炸至金黄，捞起沥油。
4. 锅中留油烧热，放入青甜椒、部分西红柿炒香，加入鸡丁、番茄酱、白糖、醋，炒匀后装盘，周围依次摆上剩余西红柿片、柠檬片作为装饰。

小贴士

鸡胸肉腌的时间要长一点，才能入味。

青甜椒炒仔鸡

20 分钟
鲜嫩可口
益气养血

本菜品肉质鲜嫩，常食具有增进食欲、温中补脾、益气养血的功效。

主料

仔鸡 200 克
青甜椒 300 克
蒜片适量

配料

盐适量
油适量
白糖适量

做法

1. 将仔鸡处理干净，切成块，用盐、白糖腌入味。
2. 将青甜椒洗净，切片后备用。
3. 锅中放入油，烧热，下入鸡块炸透后捞出。
4. 锅内留少许底油，将青甜椒、蒜片炒香，再倒入鸡块炒入味，装盘即可。

小贴士

仔鸡的脚掌皮比较薄，不会出现僵硬的现象，且脚尖的磨损很少。

30分钟
香辣可口
补中益气

香辣鸡翅

本菜品香辣可口，常食具有补中益气、补精填髓、强腰健胃的功效。其中的鸡翅富含胶原蛋白、弹性蛋白，对血管、皮肤等均有益处。

主料

鸡翅400克
红甜椒20克
葱白适量
芹菜叶适量

配料

盐3克
油适量
卤水适量

做法

1. 将鸡翅洗净，卤水烧热后将鸡翅放入其中卤熟，捞出晾凉。
2. 将葱白洗净，切丝。
3. 将芹菜叶洗净。
4. 将红甜椒洗净，切段。
5. 将盐、红甜椒在油锅中炒香，淋在鸡翅上，撒上葱丝、芹菜叶即可。

小贴士

鸡翅应凉透后食用，不要热食此菜。

板栗煨鸡

30 分钟
鲜香可口
强身健体

本菜品肉质鲜嫩。其中板栗粉糯，鲜美可口，和鸡肉搭配，有养心润肺、补肾强筋、强身健体的功效。

主料

带骨鸡肉 750 克
板栗肉 150 克
葱段适量
姜片适量
肉清汤适量
淀粉适量

配料

酱油适量
料酒适量
油适量
盐适量

做法

1. 将鸡肉洗净，剁块。
2. 将油锅烧热，放入板栗炸呈金黄色。
3. 再热油锅，下入鸡块煸炒，烹入料酒，放姜片、盐、酱油、肉清汤焖 3 分钟。
4. 加入板栗肉煨至软烂，放入葱段，用淀粉勾芡即可。

小贴士

板栗必须先经油炸，否则松散成糊，会影响本菜品的特色。

香叶包鸡

30 分钟
鲜香四溢
益肾补脑

本菜品肉质酥嫩，鲜香四溢，常食具有益气养血、补肾益精、强筋壮骨、增强体力的功效。

主料

鸡腿 300 克
香茅 1 根
香兰叶 6 片

配料

盐 2 克
黄姜粉 3 克
油适量

做法

1. 将鸡腿洗净后去骨，切大块。
2. 将香兰叶洗净，抹干水。
3. 将香茅洗净，切碎。
4. 将鸡腿肉放入盐、黄姜粉和香茅碎腌 10 分钟，再将鸡腿肉放入香兰叶中包成三角形，用牙签插入。
5. 油烧至八成热，将包好的鸡腿肉放入油锅中炸 10 分钟即可。

小贴士

鸡腿中的骨头应剔除干净，否则会影响口感。

梅子鸡翅

30 分钟
鲜香爽滑
补精填髓

本菜品酸甜可口，鲜香爽滑，常食具有健胃消食、补中益气、益肾养血、补精填髓的功效。

主料

鸡翅 5 个
紫苏梅 7 颗
罗勒叶适量
枸杞子适量
葱花适量
姜片适量

配料

米酒适量
酱油适量
油适量
冰糖适量

做法

1. 将鸡翅、罗勒叶、枸杞子洗净备用。
2. 热油锅爆香葱花、姜片，再加入鸡翅炒至金黄色。
3. 加入紫苏梅及米酒、酱油、冰糖和适量水，以小火焖煮至收干汤汁。
4. 加入枸杞子、罗勒叶即可。

小贴士

鸡翅、鸡脚均能动风、生痰、助火，肝阳上亢者应忌食。

金针菇鸡丝

20 分钟
鲜香爽滑
健脑益智

鸡胸肉能补肾益精、强筋壮骨；金针菇能利肝益胃、健脑益智；红甜椒能温中健脾、开胃消食。搭配食用，效果更佳。

主料

鸡胸肉 250 克
金针菇 50 克
红甜椒 20 克
葱适量
姜适量
淀粉适量

配料

盐适量
料酒适量
油适量
香油适量

做法

1. 将鸡胸肉洗净，切丝；将姜去皮后切末，皆放入碗中加料酒、淀粉抓拌腌渍。
2. 将葱、红甜椒分别洗净，切丝；将金针菇洗净，切除根部。
3. 热锅下油，放入鸡丝、金针菇及适量水炒熟，加入盐炒匀，盛起，撒上葱及红甜椒，再淋上香油即可。

小贴士

脾胃虚寒者不宜吃太多金针菇。

麻酱拌鸡丝

20 分钟
鲜香味美
健脑益智

本菜品肉质鲜嫩，口味鲜香，常食具有益气养血、祛风润肠、健脑益智、补虚强身的功效。

主料

鸡胸肉 400 克
葱丝 20 克
姜丝 40 克

配料

盐适量
料酒适量
香油适量
酱油适量
芝麻酱适量

做法

1. 将鸡胸肉洗净，放入滚水，加葱丝、姜丝及盐、料酒烫熟，捞出，用手撕成细丝。
2. 盘中铺入葱丝、姜丝及鸡肉丝，淋上香油、酱油、芝麻酱拌匀即可。

小贴士

鸡胸肉以煮或蒸的方式，食用时才可吸收到更多营养。

酱油嫩鸡

30 分钟
鲜嫩爽口
强筋壮骨

本菜品香味浓郁，鲜嫩爽口，常食具有温中健脾、益气养血、强筋壮骨、增强体力的功效。

主料

鸡腿 400 克
红甜椒 20 克
葱 20 克
姜 20 克
高汤适量

配料

酱油适量
料酒适量
盐适量
白糖适量
桂皮适量
八角适量

做法

1. 将鸡腿洗净后烫熟。
2. 将葱洗净，切段。
3. 将姜洗净，去皮后切片。
4. 将红甜椒洗净，去蒂及籽，切丝备用。
5. 锅中放入高汤、葱、姜，加入所有调味料煮滚，加入鸡腿煮开，熄火闷 10 分钟，将鸡腿翻面，再开中火煮开，熄火闷 10 分钟，捞出鸡腿，留下汤汁备用。
6. 将鸡腿切块排入盘中，撒上红甜椒，淋上汤汁。

小贴士

不能用大火煮鸡，否则鸡皮易被煮破，影响外观质量。

酸菜鸭

30 分钟
酸香可口
滋养五脏

本菜品酸香可口，常食具有开胃消食、益阴补血、清热利水、滋养五脏的功效。其中的酸菜有保持胃肠道正常生理功能的作用。

主料

鸭肉 450 克
酸菜心 150 克
葱段 20 克
姜 15 克

配料

盐 3 克
料酒适量

做法

1. 将鸭肉洗净，放入开水汆烫；将姜洗净，切片；将酸菜心泡发，洗净后切片。
2. 将葱、姜放入内锅中加入鸭肉及料酒，外锅加适量水，蒸至开关跳起，取出，放凉后去骨、切片。
3. 将鸭肉片及酸菜心片间隔排列入蒸盘中，加入盐，放入电蒸锅中，外锅加适量水，蒸至开关跳起，倒出汤汁淋在鸭肉上即可。

小贴士

应选用四川酸菜，酸菜品质的好坏对本菜品有决定性的作用。

烹鸭条

30 分钟
柔嫩可口
补血行水

本菜品鸭骨甘酥，柔嫩可口，常食具有清热利水、滋养五脏、补血行水、养胃生津的功效。

主料

熟鸭脯肉 350 克
鸭腿肉 350 克
葱 15 克
红甜椒 15 克
姜 5 克
蒜 5 克
面粉 85 克
清汤适量

配料

香油适量
盐适量
料酒适量
油适量

做法

1. 将熟鸭脯肉、鸭腿肉均切成 2 厘米宽、4 厘米长的条，拍松，加盐、料酒调拌，撒面粉拌匀；将红甜椒洗净切片；将葱洗净后切葱花；将姜去皮，切片备用。
2. 将清汤下锅，加料酒、盐、姜、蒜、红甜椒，用中火烧成卤汁。
3. 锅中放油，用大火烧至八成热，下鸭条炸三四次，至外层黄硬，沥去油；原锅余油下鸭条，倒卤汁，翻炒，淋上香油装盘，撒上葱花即成。

小贴士

鸭肉适宜体热、上火的人食用。

椒盐鸭块

35分钟
鲜香软嫩
益阴补血

本菜品质地软嫩，咸中带香，常食具有益阴补血、清热利水、滋养五脏、抵抗病毒的功效。

主料

腌鸭腿100克
葱段10克
姜片5克
香菜适量

配料

花椒20克
盐适量
料酒适量

做法

1. 腌鸭腿制作方法：将花椒与盐入锅炒香，取一匙花椒盐，均匀擦在鸭腿上。将鸭腿套上塑料袋，放入冰箱腌1～2天。
2. 将香菜洗净备用。
3. 将腌好后的鸭腿略冲洗，加葱、姜、料酒，入锅蒸熟，取出斩块，去葱、姜，摆入盘中，撒上香菜即成。

小贴士

新鲜的鸭肉瘦肉鲜红，肥肉洁白，外表微干或微湿润且不粘手。

板栗焖鸭

100 分钟
甘甜芳香
补肾强筋

本菜品鲜香软嫩，甘甜芳香，常食具有养胃健脾、补肾强筋、补血行水、滋养五脏的功效。

主料

鸭 500 克
板栗 200 克
姜适量
红椒适量
蒜苗适量
鸡汤适量
淀粉适量

配料

盐适量
酱油适量
白糖适量

做法

1. 将鸭去骨后洗净，切块并汆水。
2. 将板栗煮熟，去壳。
3. 将红椒、蒜苗洗净，切段。
4. 将鸭放在锅内，加鸡汤及除板栗外的其他材料，用大火煮开后，转小火焖 1 小时，将板栗倒入，再焖半小时，调味勾芡即可。

小贴士

板栗一次不要食用过多，否则易造成消化不良。

香煎肉蛋卷

10 分钟
鲜嫩味美
健脑益智

本菜品鲜嫩味美，食用时满口留香，常食具有益气补虚、补肺养血、增强免疫力、健脑益智的功效。

主料

肉末 80 克
豆腐 50 克
鸡蛋 2 个
红甜椒 20 克
淀粉适量

配料

盐适量
油适量

做法

1. 将豆腐洗净后剁碎；将红甜椒洗净，切粒。
2. 将肉末、豆腐、红甜椒装碗，加入盐和淀粉制成馅料。
3. 将平底锅烧热，放入油，将鸡蛋打散，倒入锅内，用小火煎成蛋皮，再把调好的馅用蛋皮卷成卷，入锅煎至熟，切段，摆盘即成。

小贴士

蛋皮薄一点就好，不需要太厚。

碧影映鳜鱼

40 分钟
汤浓味美
健脑益智

本菜品汤浓味美，肉质鲜嫩，常食具有补气养血、益脾健胃、滋阴润燥、健脑益智的功效。

主料

鳜鱼 1 条
鸡蛋 2 个
红甜椒丝适量
葱丝适量

配料

盐 3 克
料酒适量
香油适量

做法

1. 将鳜鱼处理干净，去主刺，留头尾，肉切片后用料酒、盐腌渍 20 分钟。
2. 将鸡蛋磕入碗中，加适量清水、盐搅拌成蛋液，放入蒸笼中蒸至六成熟。
3. 再放入鳜鱼肉、头、尾，摆好造型，撒上红甜椒丝，蒸熟后撒上葱丝，淋上香油即可。

小贴士

鳜鱼红烧、清蒸、炸、炖、熘均可。

姜葱鳜鱼

20 分钟
汤浓味美
补虚强身

本菜品肉质细嫩，汤浓味美，常食具有益气补血、补虚强身、益脾健胃、增进食欲的功效。

主料

鳜鱼 1 条
姜 60 克
葱 20 克
鸡汤适量

配料

盐 3 克
白糖 5 克
油适量

做法

1. 将鳜鱼处理干净；将姜洗净切末；将葱洗净，切葱花。
2. 锅中注入适量水，待水沸时放入鳜鱼煮至熟，捞出沥水装盘。
3. 锅中油烧热，爆香姜末、葱花，调入鸡汤、盐、白糖煮开，淋在鱼身上即可。

小贴士

鳜鱼肉质细嫩，刺少而肉多，味道鲜美，为鱼中之佳品。

豆腐蒸黄花鱼

12 分钟
鲜嫩适口
健脑益智

本菜品鲜嫩适口，风味独特，常食具有益气补虚、增强记忆力、健脑益智、抵抗衰老的功效。

主料

黄花鱼 1 条
豆腐 300 克
干甜椒圈适量
葱丝 3 克

配料

盐 3 克
豉油适量
料酒适量
葱油适量

做法

1. 将黄花鱼处理干净后切块，加入盐、料酒抓匀。
2. 将豆腐洗净，切大块。
3. 将黄花鱼放在豆腐上，撒上葱丝、干甜椒，入蒸笼蒸 5 分钟，取出蒸好的鱼，浇上豉油，再淋上烧至八成热的葱油即可。

小贴士

豆腐虽好，但过量食用也会危害人体健康。

香葱煎鲽鱼

40分钟
鲜美可口
益智强身

本菜品肉质鲜美，常食具有健脑益智、强身壮体的功效。其中的鲽鱼肉质细嫩，富含蛋白质、维生素A、维生素D和多种矿物质。

主料

鲽鱼300克
淀粉适量
红甜椒丝适量
葱丝适量

配料

盐3克
白酒适量
酱油适量
油适量

做法

1. 将鲽鱼处理干净后斩块，抹上盐、白酒、酱油腌30分钟，用淀粉轻拍鲽鱼表面，备用。
2. 将炒锅中注入油，烧至七成热，将鲽鱼入油锅略炸1分钟，捞出控油。
3. 将原油锅烧热，放入鲽鱼用小火煎至金黄色，起锅装盘，撒上红甜椒丝、葱丝即可。

小贴士

鲽鱼对高血压、高脂血症患者尤为适用。

清蒸福寿鱼

20 分钟
细嫩鲜香
促进发育

本菜品肉味鲜美，肉质细嫩，且色、香、味俱全，常食具有调节血压、补虚养身、促进发育、抵抗衰老的功效。

主料

福寿鱼 1 条
姜 5 克
葱 3 克

配料

盐 2 克
生抽适量
香油适量

做法

1. 将福寿鱼去鳞和内脏，洗净，在背上划花刀；将姜洗净，切片；将葱洗净，葱白切段，葱叶切丝。
2. 将鱼装入盘内，加入姜片、葱白段、盐，放入锅中蒸熟。
3. 取出蒸熟的鱼，淋上生抽、香油，撒上葱叶丝即可。

小贴士

鲜鱼剖开洗净，在牛奶中泡一会儿既可除腥，又能增加鲜味。

醋香鳜鱼

23 分钟
酸辣鲜咸
补气养血

本菜品汤浓味厚，酸辣鲜咸，常食具有补气养血、瘦身美容、强身健体的功效，对儿童、老人、消化功能不佳的人十分有益。

主料

鳜鱼 1 条
西蓝花 150 克
红椒适量
蛋清适量

配料

盐适量
醋适量
生抽适量
料酒适量

做法

1. 将鳜鱼处理干净，去主刺，肉切片，留头、尾摆盘；将西蓝花洗净，掰小朵，用沸水焯熟；将红椒洗净，切圈；将醋、生抽调成味汁。
2. 将鱼肉用盐、料酒稍腌，再以蛋清抹匀，连头、尾一同放入蒸锅蒸 8 分钟，取出。
3. 用西蓝花摆盘，淋上味汁，最后撒上红椒圈即可。

小贴士

吃过鱼后嚼上三五片茶叶，立刻口气清新。

XO 酱蒸墨鱼

15 分钟
爽口鲜脆
增强免疫力

本菜品肉质鲜美，爽口鲜脆，常食具有养血通经、补脾益肾、缓解疲劳、增强免疫力的功效。

主料

墨鱼仔 400 克
金针菇 200 克
红椒段适量
香菜适量
葱花适量

配料

XO 酱 50 克
盐 3 克

做法

1. 将金针菇洗净，放入盘底。
2. 将墨鱼仔剥去皮，挖去内脏后，用 XO 酱、盐腌好，和红椒段一起放在金针菇上。
3. 将装好墨鱼仔和金针菇的盘放入蒸锅中蒸 10 分钟后取出。
4. 撒上葱花、香菜即成。

小贴士

金针菇性寒，脾胃虚寒、慢性腹泻的人应少吃。

特色酸菜鱼

30分钟
鲜嫩爽滑
提神补脑

本菜品鲜嫩爽滑，酸香鲜美，常食具有开胃消食、健脑提神、补虚强身、养肝补血的功效。

主料

鱼块450克
酸菜适量
泡椒30克
红椒适量
蒜适量
姜适量
葱花适量
熟白芝麻适量

配料

料酒适量
油适量
盐适量

做法

1. 将酸菜洗后切段。
2. 将红椒洗净，切段。
3. 将蒜洗净后切丁。
4. 将姜洗净，去皮并切片。
5. 起油锅，下入姜片、蒜爆香，倒入酸菜煸炒出味，加水烧沸，下鱼，用大火熬煮，滴入料酒去腥，加入盐、泡椒、红椒煮熟，装盆，撒上葱花、熟白芝麻即可。

小贴士

鱼块不能切得太厚，否则不易煮熟煮透。

五彩炒虾球

12 分钟
鲜甜可口
补脑强身

荔枝肉能补脑健身、开胃健脾；大青虾能益气滋阴、开胃化痰；黑木耳能预防便秘、养血驻颜。搭配食用，效果更佳。

主料

荔枝肉 150 克
大青虾 100 克
红甜椒 30 克
黄甜椒 30 克
黑木耳 30 克
芦笋段 30 克
葱段 5 克
姜片 5 克

配料

盐 3 克
白糖 3 克
油适量

做法

1. 将黑木耳泡发后洗净撕片。
2. 将红甜椒、黄甜椒洗净，切片。
3. 将大青虾去壳取肉，背部开刀改成球形，过油。
4. 锅上火，爆香葱段、姜片，投入红甜椒、黄甜椒、黑木耳、芦笋段、虾球、荔枝肉炒匀，加入调味料，炒至入味即可。

小贴士

荔枝适宜体质虚弱、病后津液不足和贫血者食用。

松仁爆虾球

15 分钟
爽滑鲜香
益智强身

松仁能养阴润肺、补脑益智；虾仁能健胃消食、补肾强身；上海青能降低血脂、增强免疫力。搭配食用，效果更佳。

主料

虾仁 300 克
松仁 300 克
上海青 250 克
胡萝卜 100 克
鸡蛋清 20 克
淀粉 10 克
葱花 15 克

配料

盐 3 克
料酒适量
油适量

做法

1. 将虾仁洗净，加入盐、料酒、鸡蛋清、淀粉拌匀，腌渍。
2. 将胡萝卜洗净，切片。
3. 将松仁洗净。
4. 将上海青洗净，烫熟装盘。
5. 锅中倒入油，烧热，倒入虾仁、松仁、胡萝卜片炒熟。
6. 加入料酒、盐炒熟，撒上葱花即可装盘。

小贴士

质量上乘的虾仁应是无色透明、手感饱满并富有弹性。

蒜蓉粉丝扇贝

15分钟
爽滑鲜香
健脑明目

本菜品营养丰富，常食具有健脑明目、健脾和胃、润肠通便、抵抗癌症的功效。其中的扇贝富含维生素E，有养颜护肤的作用。

主料

扇贝5个
粉丝10克
蒜蓉10克
葱花5克

配料

盐3克
生抽适量
油适量

做法

1. 将粉丝用沸水泡发，入沸水烫熟。
2. 将扇贝处理干净，再剖成两半，放入盐水中汆熟，捞起摆入盘中，放上粉丝。
3. 锅中烧油，将蒜蓉、生抽、盐炒成味汁，淋在扇贝上，最后撒上葱花。

小贴士

扇贝的烹制时间不宜过长，否则会变硬、变干且会失去鲜味。

柏仁大米羹

30 分钟
鲜香滑嫩
养心安神

本品鲜香滑嫩，常食具有补中益气、健脾养胃、养心安神、润肠通便的功效，尤其适合长期失眠、心慌心悸者食用。

主料

柏子仁适量
大米 80 克
枸杞子适量
香菜叶适量

配料

盐 1 克

做法

1. 将大米泡发后洗净；将柏子仁洗净；将枸杞子洗净；将香菜叶洗净，切碎。
2. 锅置火上，倒入清水，放入大米，以大火煮至米粒开花。
3. 加入柏子仁、枸杞子，以小火煮至浓稠状，调入盐拌匀，撒上香菜即可。

小贴士

柏子仁以粒饱满、油性大而不泛油且无皮壳杂质者为佳。

金针菇金枪鱼汤

27 分钟
汤浓味美
健脑益智

金枪鱼能强筋壮骨、调节血糖；金针菇能利肝益胃、健脑益智；西蓝花能降低血压、防癌抗癌。搭配食用，效果更佳。

主料

金枪鱼肉 150 克
金针菇 150 克
西蓝花 75 克
天花粉 15 克
知母 10 克
姜丝 5 克

配料

盐 3 克

做法

1. 将天花粉、知母放入棉布袋。
2. 将鱼肉洗净。
3. 将金针菇、西蓝花洗净，西蓝花掰成小朵备用。
4. 将清水注入锅中，放入棉布袋和全部材料煮沸，取出棉布袋，放入姜丝和盐调味即可。

小贴士

金枪鱼生食是极品，熟食也香浓美味。

虾肉粥

35 分钟
软糯可口
提神健脑

本品软糯可口，常食具有健脾养胃、补虚养血、益气滋阴、补肾强身的功效。其中的糯米对食欲不佳、腹泻等有一定缓解作用。

主料

粳米 100 克
糯米 50 克
虾肉 100 克
红甜椒适量
青笋适量

配料

虾油适量
姜汁适量
葱汁适量
盐适量

做法

1. 将虾肉洗净。
2. 将青笋洗净，切丁。
3. 将红甜椒洗净后切粒。
4. 将粳米、糯米分别洗净。
5. 锅中注水后烧热，下入粳米、糯米烧沸，下入青笋、姜汁、葱汁煮至米无硬心，再下入虾肉、虾油、红甜椒、盐，熬成粥即成。

小贴士

粳米一般人都可食，但糖尿病、更年期综合征患者不宜食用。

鱿鱼圈沙拉

15 分钟
鲜嫩爽口
增强免疫力

鱿鱼能降压降脂、增强免疫力；生菜能抵抗病毒、美白养颜；西芹能降低血压、镇静安神。搭配食用，效果更佳。

主料

鱿鱼 80 克
生菜 50 克
小豆苗 50 克
洋葱末 10 克
西芹 10 克
西红柿 75 克
鲜奶适量
蒜泥适量
面粉 75 克
红甜椒粒适量

配料

盐 3 克
油适量

做法

1. 将生菜洗净，撕成小片。
2. 将小豆苗洗净，铺入盘中。
3. 将西红柿去蒂后洗净；西芹洗净，均切末，与洋葱末和盐搅成酱汁。
4. 将鱿鱼剥去外膜，切成圈状，放入碗中，加盐、蒜泥、鲜奶腌 10 分钟，捞出，沾裹面粉入热油中炸至金黄，捞出沥干，盛入盘中。
5. 加入生菜、红甜椒粒及酱汁即可食用。

小贴士

鱿鱼性质寒凉，脾胃虚寒的人应少吃。

第四章

滋阴壮阳这样吃

根据食材不同的性味特点进行搭配，可以产生一些特殊的功效，以达到滋阴壮阳的目的，不仅能强身健体，还可以美容养颜。本章中所选菜式,常食可增强体力,调理元气,促进身体激素分泌。

凉拌韭菜

12 分钟
鲜香脆嫩
温补肾阳

本菜品鲜香脆嫩，常食具有益肝健胃、温补肾阳、增进食欲、降脂减肥的功效。其中的韭菜含有大量维生素和粗纤维，可防治便秘。

主料

韭菜 250 克
红甜椒 20 克

配料

白糖 5 克
酱油适量
香油适量

做法

1. 将韭菜洗净，去头尾，切 5 厘米左右长段。
2. 将红甜椒去蒂和籽，洗净，切条备用。
3. 将所有调味料放入碗中调匀成味汁备用。
4. 锅中倒入适量水煮开，将韭菜放入烫 1 分钟，冲凉后沥干，盛入盘中，撒上红甜椒，淋入味汁即可。

小贴士

烹调韭菜时需急火快炒，稍微加热过火，便会失去韭菜风味。

彩椒酿韭菜

15 分钟
鲜嫩可口
益肝补肾

甜椒能防癌抗癌、降低血脂；韭菜能益肝健胃、温补肾阳；虾皮能益气滋阴、开胃化痰。搭配食用，效果更佳。

主料

黄甜椒 2 个
青甜椒块 100 克
红甜椒块 100 克
虾皮 10 克
韭菜 50 克
葱丝 5 克
姜丝 5 克
蒜片 5 克

配料

盐适量
油适量

做法

1. 将黄甜椒从蒂部挖开，去蒂及籽，洗净，用锡纸包住，放入微波炉中，用大火烤至表面有煳痕。
2. 将韭菜洗净，切段。
3. 将虾皮洗净。
4. 锅中油烧热，先爆香葱丝、姜丝、蒜片，再放韭菜、虾皮、青甜椒块、红甜椒块炒匀，加盐炒 1 分钟，把炒好的韭菜、青甜椒块、红甜椒块、虾皮装入黄甜椒即可。

小贴士

初春时节的韭菜品质最佳，晚秋的次之 。

珍珠圆子

130分钟
软糯鲜香
滋阴壮阳

五花肉能补肾养血、滋阴润燥；糯米能健脾养胃、补虚养血；荸荠能开胃消食、除热生津。搭配食用，效果更佳。

主料

五花肉 400 克
糯米 50 克
荸荠 50 克
姜 5 克
葱 15 克
鸡蛋 2 个

配料

盐 3 克
料酒适量
油适量

做法

1. 将糯米洗净，用温水泡 2 小时，沥干水分。
2. 将五花肉洗净，剁成蓉。
3. 将荸荠去皮后洗净，切末；将葱、姜洗净后切末。
4. 将肉蓉、荸荠、葱、姜、鸡蛋液加上所有调味料一起搅上劲，再挤成直径约 3 厘米的肉圆，依次蘸上糯米。
5. 将糯米圆子放入笼中，蒸约 10 分钟取出装盘即可。

小贴士

荸荠以个大新鲜、皮薄肉细、甜脆且无渣者为佳。

凉拌芦蒿

6 分钟
清醇味美
防癌抗癌

本菜品清醇爽口，常食具有开胃消食、防癌抗癌的功效。

主料

芦蒿 350 克
红甜椒 30 克

配料

盐适量
香油适量
油适量

做法

1. 将芦蒿洗净，切段，入沸水锅中焯水至熟，装盘待用。
2. 将红甜椒洗净，切丝。
3. 锅中油烧热，下入红甜椒丝爆香，盛起倒在芦蒿上，加盐和香油搅拌均匀即可。

小贴士

野生芦蒿茎呈紫红色，短粗，长短肥瘦并不规则。

蜜汁糖藕

30分钟
甘甜可口
补虚养血

本菜品色泽鲜亮，甘甜可口，常食具有健脾养胃、补虚养血、安神健脑、止泻固精的功效。

主料

莲藕200克
糯米适量
桂花糖适量

配料

蜂蜜适量

做法

1. 将莲藕洗净，切去两头。
2. 将糯米洗净后泡发。
3. 将桂花糖、蜂蜜加开水调成糖汁。
4. 把泡发好的糯米塞进莲藕孔中，压实，放入蒸笼中蒸熟，取出。
5. 待莲藕凉后，切片，淋上糖汁即可。

小贴士

切过的莲藕要在切口处覆以保鲜膜，冷藏保鲜。

美花菌菇汤

20 分钟
汤浓味美
补肾益精

西蓝花能降低血压、抗癌降脂；花菜能解毒护肝、防癌抗癌；鸡脯肉能益气养血、补肾益精。搭配食用，效果更佳。

主料

西蓝花 75 克
花菜 75 克
菌菇 125 克
鸡脯肉 50 克
高汤适量
红甜椒粒适量

配料

盐适量

做法

1. 将西蓝花、花菜洗净，掰成小朵。
2. 将菌菇洗净。
3. 将鸡脯肉洗净，切块后汆水备用。
4. 净锅上火，倒入高汤，下入西蓝花、花菜、菌菇、鸡脯肉，煲至熟，调入盐、红甜椒粒即可。

小贴士

吃花菜的时候要多嚼几次，更有利于营养的吸收。

八角烧牛肉

75分钟
汁浓味美
补虚强身

本菜品汁浓味美，香气扑鼻，常食具有解毒生津、防癌抗癌、益脾健胃、强健筋骨的功效。

主料

牛肉400克
白萝卜150克
上汤适量
芹菜叶适量

配料

盐2克
白糖适量
油适量
豆瓣酱适量
八角15克

做法

1. 将牛肉、白萝卜洗净，切块，汆水后沥干。
2. 将芹菜叶洗净备用。
3. 油锅烧热，放入豆瓣酱、八角炒至油呈红色，加上汤和牛肉、盐、白糖烧开，改用小火烧至熟烂，再放入白萝卜，加盐烧至汁浓肉烂，装碗，饰以芹菜叶即可。

小贴士

白萝卜宜生食，但吃白萝卜后半小时内不宜进食其他食物。

15 分钟
鲜辣爽口
补虚益精

小炒牛肚

本菜品鲜辣爽口，常食具有益脾养胃、保护肝脏、补虚益精、预防癌症的功效。其中的牛肚适合病后虚羸、气血不足、脾胃虚弱之人食用。

主料

牛肚 200 克
红椒圈 50 克
蒜苗段 20 克

配料

盐适量
酱油适量
香油适量
蚝油适量
油适量

做法

1. 将牛肚清洗干净，切片，放入烧热的油锅里，炸至金黄色，捞出备用。
2. 锅上火，油烧热，放入红椒圈炒香，加入牛肚，放入蒜苗段，调入所有调味料，炒至入味即成。

小贴士

加些料酒和醋可以让牛肚去腥，味道更香。

冬笋腊肉

8分钟
鲜香脆嫩
补肾强身

本菜品中腊肉香软，冬笋鲜脆，常食具有预防便秘、补血养肝、补肾填精、强身健体的功效。

主料

冬笋 150 克
腊肉 250 克
蒜苗 50 克
红甜椒 50 克
水淀粉适量

配料

盐 3 克
香油适量
油适量

做法

1. 将冬笋、腊肉洗净，切成片；将蒜苗洗净，切成段；将红甜椒洗净，切成片。
2. 锅置炉上，将冬笋、腊肉汆水后分别捞起；锅内留油，下入腊肉，将腊肉煸香，盛出待用。
3. 将锅洗净，放入油，下入冬笋、红甜椒片，调入盐翻炒，下入煸好的腊肉、蒜苗，用水淀粉勾少许芡，淋上香油，出锅装盘。

小贴士

先将腊肉入锅蒸软再切片，口感会更软。

荷兰豆炒腊肉

15 分钟
鲜香味美
滋阴壮阳

荷兰豆能益脾和胃、生津止渴；腊肉能补虚强身、滋阴润燥；红甜椒能温中健脾、降低血脂。搭配食用，效果更佳。

主料

荷兰豆 150 克
腊肉 200 克
红甜椒 50 克

配料

盐 3 克
料酒适量
油适量
醋适量

做法

1. 将荷兰豆去掉老筋，洗净后切段。
2. 将腊肉泡发，洗净后切片。
3. 将红甜椒去蒂后洗净，切片。
4. 热锅下油，放入腊肉略炒片刻，再放入荷兰豆、红甜椒炒至五成熟时，加盐、料酒、醋炒至入味，待熟，装盘即可。

小贴士

荷兰豆有微毒，烹调至熟方可食用。

香油拌肚丝

70分钟
柔嫩爽脆
补虚强身

本菜品柔嫩爽脆，常食具有补虚强身、健脾益胃、益气补中的功效。

主料

猪肚 400 克
葱花适量

配料

酱油适量
香油适量
盐 2 克
白糖 5 克

做法

1. 将猪肚择净浮油，洗干净，放入开水锅中，煮熟后捞出备用。
2. 待猪肚晾凉，切成 3 厘米长的细丝待用。
3. 取酱油、香油、盐、白糖、葱花兑汁调匀，淋在肚丝上，拌匀即成。

小贴士

喜欢酸甜口味的，可以按个人喜好调整调料。

75 分钟
鲜香爽口
补肾助阳

韭黄肚丝

猪肚能健脾益胃、益气补中；韭黄能健胃提神、补肾助阳；红甜椒能瘦身美容。搭配食用，效果更佳。

主料

猪肚 450 克
韭黄 200 克
红甜椒 15 克

配料

盐 3 克
料酒适量
油适量
白醋适量

做法

1. 将猪肚洗净，加料酒煮熟，捞出切丝。
2. 将韭黄洗净，切段。
3. 将红甜椒洗净，切丝。
4. 锅中倒油，烧热，爆香红甜椒，放入猪肚拌炒，加入韭黄炒熟，再加入盐、白醋调匀即可。

小贴士

猪肚等内脏不适宜贮存，应随买随吃。

黑椒牛柳

18分钟
爽滑鲜香
补虚强身

洋葱能降低血脂、预防癌症；牛肉能补中益气、强健筋骨；草菇能补脾益气、滋阴壮阳。搭配食用，效果更佳。

主料

牛柳200克
洋葱80克
红甜椒80克
青甜椒80克
黄甜椒80克
草菇80克

配料

苏打粉3克
黑胡椒碎5克
盐3克
油适量
白兰地适量

做法

1. 将牛柳洗净，切块。
2. 将洋葱洗净，切片。
3. 将红甜椒、青甜椒、黄甜椒、草菇洗净后切片。
4. 将牛柳块放入苏打粉、盐腌10分钟。
5. 锅中油烧热，炒香青甜椒、红甜椒、黄甜椒、草菇、洋葱，倒入牛柳，用大火炒。
6. 加白兰地、黑胡椒碎、盐和水，大火炒至水干，起锅装盘即可。

小贴士

洋葱对“三高”有很好的预防作用。

双椒爆羊肉

30分钟
鲜香软嫩
补肾壮阳

本菜品味道鲜香、口感软嫩，经常食用本品具有补充营养、强身健体、补肾壮阳的功效。

主料

羊肉 400 克
青椒 50 克
红椒 50 克
水淀粉 25 克

配料

盐 4 克
香油 10 毫升
料酒 10 毫升
油适量

做法

1. 羊肉洗净切片，加盐、少许水淀粉搅匀，上浆；青椒、红椒洗净斜切成圈备用。
2. 油锅烧热，放入羊肉滑散，加入料酒，放入青椒、红椒炒均匀。
3. 炒至羊肉八成熟时，以水淀粉勾芡，炒匀至熟，淋上香油即可。

小贴士

发热、腹泻的患者和体内有积热的人不宜食用羊肉。

牙签羊肉

30 分钟
酥嫩爽口
补肾壮阳

本菜品外酥里嫩，美味又营养，经常食用本品具有补肾壮阳、增强免疫力、暖中祛寒的功效。

主料

羊肉 300 克
生菜叶适量

配料

盐 3 克
辣椒粉 5 克
味精 3 克
孜然 6 克
油适量

做法

1. 羊肉洗净切丁，装入碗中备用。
2. 调入盐、味精、辣椒粉、孜然，将羊肉腌渍入味后串在牙签上。
3. 锅中加油烧热，放入羊肉炸至金黄色至熟，捞出沥油，摆入以生菜叶铺底的盘中即可。

小贴士

不宜食用反复加热或冻藏加温的羊肉。

胡萝卜烧羊肉

80分钟
美味鲜香
补肾壮阳

本菜品色、香、味俱全，常食具有开胃健脾、补肾壮阳、暖中祛寒、增强免疫力的功效。其中的羊肉对提高人体身体素质十分有益。

主料

羊肉450克
胡萝卜300克
姜片适量
香菜适量
橙皮适量

配料

料酒适量
盐适量
油适量
酱油适量

做法

1. 将羊肉、胡萝卜分别洗净切块。
2. 将香菜洗净备用。
3. 将油锅烧热，放姜片爆香，倒入羊肉翻炒5分钟，加料酒炒香后再加盐、酱油和冷水，加盖焖烧10分钟，倒入砂锅内。
4. 放入胡萝卜、橙皮，加水烧开，改用小火慢炖约1小时，装盘，撒上香菜即可。

小贴士

未完全烧熟或未炒熟的羊肉不宜食用。

豉椒炒羊肉末

18 分钟
鲜香滑嫩
补肾强身

本菜品鲜香滑嫩，常食具有温补气血、补肾壮阳、增进食欲、防癌抗癌的功效。

主料

青甜椒 100 克
红甜椒 100 克
羊肉 250 克
老姜 3 片
葱花 20 克

配料

豆豉 10 克
盐适量
油适量

做法

1. 将青甜椒、红甜椒洗净，切片。
2. 将姜洗净后切丝，羊肉洗净，切成细末。
3. 将羊肉末入油锅中滑熟后盛出。
4. 锅上火，油烧热，放入豆豉、青甜椒、红甜椒爆香，再加入肉末快速拌炒过油，然后下入葱花、姜丝拌炒均匀，加盐调味即成。

小贴士

烧焦了的羊肉不应食用。

爆炒羊肚丝

40 分钟
酥嫩鲜香
补中益气

羊肚能补虚强身、健脾益胃；洋葱能提神醒脑、缓解疲劳；甜椒能防癌抗癌。搭配食用，效果更佳。

主料

羊肚 300 克
姜 10 克
葱 10 克
蒜 10 克
洋葱 15 克
青甜椒 15 克
红甜椒 15 克

配料

盐适量
白糖适量
酱油适量
油适量

做法

1. 将羊肚洗净；葱、姜、蒜洗净，均切片；将洋葱、青甜椒洗净后切丝；将红甜椒洗净，一半切段，一半切丝。
2. 将羊肚入锅，煮熟后切丝，再入油锅炸香后捞出；葱、姜、蒜炒香，加入洋葱和青甜椒、红甜椒爆炒。
3. 再下入羊肚丝，调入盐、白糖、酱油，炒入味即可。

小贴士

羊肉尤其适宜身体羸瘦、胃气虚弱、盗汗、尿频之人食用。

贡菜炒鸡丝

13分钟
美味鲜香
益气养血

鸡肉能益气养血、补肾益精；贡菜能防癌抗癌、补脑安神；红甜椒能增进食欲。搭配食用，效果更佳。

主料

鸡肉 200 克
贡菜 150 克
红甜椒 20 克
姜 5 克

配料

盐 3 克
油适量

做法

1. 将鸡肉洗净，切丝；将贡菜洗净；将红甜椒洗净，切丝；将姜洗净后切末。
2. 将贡菜入沸水中稍焯后，捞出。
3. 锅上火，加入油烧热，将鸡丝入油锅中滑开，再加入贡菜、红甜椒炒熟，调入盐、姜末即可。

小贴士

鸡肉丝过油时油温不能太高，否则过老，影响口感。

青螺炖鸭

40 分钟
鲜香可口
益阴补血

鸭肉能益阴补血、滋养五脏；青螺肉能清热利湿、增进食欲；香菇能降低血压、增强免疫力。搭配食用，效果更佳。

主料

鸭 450 克
鲜青螺肉 200 克
熟火腿 25 克
水发香菇 150 克
葱段 10 克
姜片 10 克
枸杞子适量

配料

盐适量
冰糖适量

做法

1. 将鸭处理干净，汆水后捞出，转放砂锅中，加适量水用大火烧开，撇去浮沫，转小火，加盐、葱、姜、冰糖，炖至熟。
2. 将火腿、香菇切丁，与青螺肉、枸杞子一同入砂锅，加适量水用大火烧约 10 分钟。
3. 捞起鸭，剔去大骨，保持原形，大骨垫碗底，鸭肉盖上面，拣去葱、姜，放上其他食材，浇上原汤。

小贴士

泡香菇的水不要倒掉，可以再利用。

白切大靓鸡

30 分钟
皮爽肉滑
补虚壮阳

本菜品皮爽肉滑，常食具有温中补脾、益气养血、养心润肺、补虚壮阳的功效。

主料

公鸡 1 只
姜 15 克
葱 10 克

配料

盐 3 克

做法

1. 将鸡处理干净备用。
2. 将姜洗净，切片。
3. 将葱洗净，切段。
4. 锅上火，注入适量清水烧开，放入姜片、葱段和鸡煮至熟。
5. 取出鸡放凉，切件，调入盐拌匀即可。

小贴士

公鸡肉性属阳，善补虚弱，适合男性青、壮年身体虚弱者食用。

松仁鸡肉炒玉米

15分钟
爽滑可口
滋阴壮阳

玉米能防癌抗癌、延缓衰老；鸡肉能益气养血、补肾益精；松仁能养阴润肺、补脑益智。搭配食用，效果更佳。

主料

玉米粒 200 克
松仁 50 克
黄瓜 50 克
胡萝卜 50 克
鸡肉 150 克
水淀粉适量

配料

盐 3 克
油适量

做法

1. 将玉米粒、松仁均洗净备用；将鸡肉洗净，切丁；将黄瓜洗净，一半切丁，一半切片；将胡萝卜洗净，切丁。
2. 锅中下油烧热，放入鸡肉、松仁略炒，再放入玉米粒、黄瓜丁、胡萝卜翻炒片刻，加盐调味，待熟，用水淀粉勾芡，装盘，将切好的黄瓜片摆在四周即可。

小贴士

松仁是体虚、便秘者和脑力劳动者的食疗佳品。

鲍汁鸡

140分钟
汤浓味美
益气养血

本菜品色泽鲜亮，汤浓味美，常食具有温中补脾、预防便秘、益气养血、增强体力的功效。

主料

鸡1只
上海青250克
鲍汁适量

配料

盐3克
老抽适量
蚝油适量
香油适量

做法

1. 将上海青洗净汆水备用。
2. 将鸡处理干净，用盐腌渍10分钟至入味。
3. 再用煲汤袋将鸡装起捆紧。
4. 将鲍汁入锅，放入鸡一起煮开，调入调味料，用慢火煲2小时出锅，上海青垫底即成。

小贴士

光鸡买回后，应放冰箱冷冻3~4小时后再取出解冻炖汤。

风情口水鸡

30 分钟
鲜香麻辣
补肾益精

本菜品集鲜、香、麻、辣、嫩、爽于一身，常食具有益气养血、祛风润肠、补肾益精、增强记忆力的功效。

主料

鸡肉 400 克
蒜 5 克
白芝麻 5 克
花生米适量
芹菜叶适量

配料

盐适量
酱油适量
红油适量
料酒适量

做法

1. 将鸡肉处理干净，切块，用盐腌渍片刻。
2. 将芹菜叶洗净。
3. 将蒜去皮后洗净，切碎。
4. 锅内注水，放入鸡肉，加盐、料酒、花生米，大火煮开后，转小火焖至熟，捞出摆盘。
5. 将调味料和蒜炒成味汁，浇在鸡上，用芹菜点缀，撒上白芝麻即可。

小贴士

鸡不能煮得太久，最好在水中放些冰块进行冰镇。

黄芪乌鸡汤

⏲ 45 分钟
汤浓味美
补血养颜

本菜品汤浓味美，常食具有养心宁神、降压强心、补血养颜、增强体质的功效。其中的乌鸡对防治骨质疏松、妇女缺铁性贫血症等有明显功效。

主料

当归 25 克
黄芪 25 克
乌鸡腿 80 克

配料

盐 3 克

做法

1. 将鸡腿剁块，放入沸水中汆烫，捞出洗净。
2. 将乌鸡腿和当归、黄芪一起放入锅中，加适量水，以大火煮开，转小火续炖 25 分钟。
3. 加盐调味即成。

小贴士

炖这个鸡汤最好使用砂锅，小火慢炖。

黄花海参鸡

45 分钟
鲜香美味
滋阴壮阳

黄花菜能安神补血、抵抗衰老；海参能补肾益精、滋阴健阳；红枣能养血安神、补中益气。搭配食用，效果更佳。

主料

黄花菜 10 克
海参 200 克
鸡腿 1 只
枸杞子 15 克
当归 10 克
黄芪 15 克
红枣适量

配料

盐 3 克

做法

1. 将当归、黄芪洗净，用棉布袋包起，加水熬取汤汁。
2. 将黄花菜、枸杞子洗净。
3. 将海参、鸡腿洗净切块，分别用热水汆烫，捞起。
4. 将黄花菜、海参、鸡腿、红枣、枸杞子一起放入锅中，加入药材汤汁、盐，煮至熟即可。

小贴士

发好的海参不能久存，最好不超过 3 天。

鸭肉煲萝卜

35 分钟
鲜香可口
补虚强身

本菜品鲜香可口，常食具有开胃健脾、补血行水、防癌抗癌、补虚强身的功效。

主料

鸭肉 250 克
白萝卜 175 克
枸杞子 5 克
姜片 3 克
芹菜叶适量

配料

盐适量

做法

1. 将鸭肉洗净，斩块后汆水。
2. 将白萝卜洗净，去皮后切方块。
3. 将枸杞子、芹菜叶洗净备用。
4. 净锅上火，倒入水，下入鸭肉、白萝卜、枸杞子、姜片，煲至成熟，调入盐，装碗，放上芹菜叶即可。

小贴士

炖白萝卜不宜提前放盐，应先炖软再放盐。

韭黄炒鹅肉

15分钟
鲜香滑嫩
补肾助阳

本菜品鲜香滑嫩，常食具有益气补虚、和胃止渴、益肝健胃、补肾助阳的功效。其中的韭黄富含蛋白质、糖、维生素C等，有增强体力的作用。

主料

鹅脯肉200克
韭黄100克
蛋清适量
姜片适量
红甜椒丝适量
水淀粉适量

配料

盐适量
油适量

做法

1. 将鹅脯肉洗净，切丝，加盐、水淀粉、蛋清上浆。
2. 将韭黄洗净，切段。
3. 将锅内油烧热，下入鹅肉丝炒熟，盛出。
4. 锅留底油，加姜片爆香，放鹅肉、韭黄、红甜椒丝炒熟，加盐调味，以水淀粉勾芡即可。

小贴士

鹅肉较容易变质，购买后要马上放进冰箱里。

草菇烧鸭

30 分钟
鲜香爽滑
滋阴壮阳

本菜品鲜香爽滑，肉质鲜嫩，常食具有益气养血、养胃生津、滋阴壮阳、增强免疫力的功效。

主料

光鸭半只
草菇 200 克
红甜椒 20 克
姜片 10 克
葱 8 克
淀粉适量
高汤适量

配料

盐 3 克
蚝油适量
油适量
米酒适量

做法

1. 将草菇洗净后去蒂，对切；将红甜椒洗净，切斜片；将葱洗净，切段；将鸭洗净，沥干水分，切小块，用盐、姜片略腌。
2. 起油锅，爆香姜、红甜椒，放入草菇、鸭块，加蚝油猛火炒熟。
3. 再注入高汤、米酒焖至熟，下葱段，用淀粉勾芡，淋油起锅即可。

小贴士

草菇性凉，脾胃虚寒者不宜多食。

冬菜大酿鸭

100 分钟
鲜香软嫩
滋阴润燥

鸭肉能滋养五脏、补血行水；冬菜能开胃消食、健脑益智；猪瘦肉能滋阴润燥、强筋壮骨。搭配食用，效果更佳。

主料

鸭 1 只
冬菜 200 克
猪瘦肉 200 克
姜片 35 克
葱花适量
鲜汤适量

配料

胡椒粉适量
料酒适量
酱油适量
油适量
盐适量

做法

1. 将鸭处理干净，抹上料酒、盐、胡椒粉，放入姜片，腌 1 小时后上屉蒸熟，放凉后切成长方块，放入大碗内待用。
2. 将冬菜洗净后切成细末；猪肉洗净后切成小片。
3. 起油锅，下肉片炒干水分，烹入料酒、酱油，加入冬菜炒匀，再加入鲜汤，用小火收汁，起锅倒在鸭肉上。
4. 撒上葱花即可。

小贴士

冬菜盐分较多，不宜大量食用。

黄焖朝珠鸭

35 分钟
鲜嫩爽滑
滋阴壮阳

鸭肉能清热利水、滋养五脏；鹌鹑蛋能补益气血、强身健脑；草菇能滋阴壮阳、增强免疫力。搭配食用，效果更佳。

主料

鸭肉 300 克
鹌鹑蛋 200 克
草菇 50 克
胡萝卜 30 克
葱 10 克
姜 5 克
淀粉适量

配料

盐 3 克
料酒适量
油适量

做法

1. 将鸭肉洗净，剁块；将胡萝卜洗净，削球形；将葱洗净，切段；将姜洗净，切片。
2. 将鹌鹑蛋煮熟后，剥去蛋壳；将鸭肉块汆烫熟，滤除血水备用。
3. 将油锅烧热，入姜片、葱段爆香，加鸭肉、草菇、胡萝卜炒熟，调入料酒、盐，加入鹌鹑蛋，用淀粉勾芡即可。

小贴士

鹌鹑蛋被人们誉为延年益寿的“灵丹妙药”。

浓汤八宝鸭

100 分钟
鲜香肉嫩
滋阴补虚

本菜品鸭形丰腴饱满，原汁突出，香气四溢，常食具有健脾开胃、滋阴补虚、温补强壮、增强免疫力的功效。

主料

鸭 1 只
八宝材料适量
糯米 300 克
上海青 300 克
葱末适量
姜末适量

配料

盐适量
料酒适量

做法

1. 将鸭处理干净，加入葱、姜、料酒、盐腌渍入味，再放入锅中煲 1 小时。
2. 将上海青洗净后入沸水中焯熟，再将剩余材料制成八宝饭。
3. 将八宝饭塞入鸭腹中，与上海青一同上碟。

小贴士

糯米制成的酒，可用于滋补健身和治病。

鹌鹑桂圆煲

30 分钟
浓香可口
养阴润肺

鹌鹑肉能利水消肿、补中益气；百合能养阴润肺、清心安神；桂圆能补血养颜、益脾健脑。搭配食用，效果更佳。

主料

鹌鹑 2 只
水发百合 12 克
桂圆 80 克
枸杞子适量
香菜梗适量

配料

盐适量

做法

1. 将鹌鹑处理干净，剁块后汆水。
2. 将水发百合、枸杞子、桂圆清理干净；香菜梗洗净切段。
3. 净锅上火，倒入水，下入鹌鹑、水发百合、枸杞子、香菜梗、桂圆煲至熟，调入盐即可。

小贴士

鹌鹑肉的烹饪时间为 20~25 分钟。

白果炒鹌鹑

15 分钟
爽滑可口
增强免疫力

白果能祛痰止咳、美容养颜；鹌鹑肉能健脑益智、补中益气；平菇能防癌抗癌、增强免疫力。搭配食用，效果更佳。

主料

白果 50 克
鹌鹑 150 克
平菇 60 克
青甜椒 80 克
红甜椒 80 克
姜末适量
葱段适量
水淀粉适量

配料

盐 3 克
白糖 2 克
油适量
香油适量

做法

1. 将鹌鹑取肉切丁，下盐、水淀粉腌好。
2. 将青甜椒、红甜椒、平菇洗净后切丁。
3. 将白果洗净，入笼蒸透。
4. 烧锅下油，加入姜末爆香，放入鹌鹑丁、平菇丁、白果、青甜椒丁、红甜椒丁，再调入盐、白糖、葱段爆炒至干香，淋入香油即成。

小贴士

鹌鹑肉适合中老年人以及高血压、肥胖症患者食用。

鸽肉红枣汤

45分钟
鲜香味美
滋阴壮阳

鸽子肉能滋补益气、养颜美容；莲子能滋养补虚、强心安神；红枣能补脾益气、养血安神。搭配食用，效果更佳。

主料

鸽子1只
莲子60克
红枣25克
姜片5克

配料

盐适量
油适量

做法

1. 将鸽子处理干净，砍块。
2. 将莲子、红枣泡发，洗净备用。
3. 将鸽肉下入沸水中，汆去血水后，捞出沥干。
4. 锅上火，加油烧热，用姜片爆锅，下入鸽块稍炒，加适量清水，下入红枣、莲子一起炖35分钟至熟，放盐调味即可。

小贴士

鸽子具有很高的营养价值和药用价值，其肉、蛋、血等皆可入药。

鱼香鹌鹑蛋

15分钟
鲜香酥嫩
补益气血

本菜品鲜香酥嫩，常食具有补益气血、丰肌泽肤、健脑安神、增强免疫力的功效。其中鹌鹑蛋的调补、养颜、美肤功用尤为显著。

主料

黄瓜100克
鹌鹑蛋350克
水淀粉适量

配料

盐适量
香油适量
料酒适量
生抽适量

做法

1. 将黄瓜洗净，切块。
2. 将鹌鹑蛋煮熟，去壳放入碗内，加黄瓜，调入生抽和盐，入锅蒸10分钟取出。
3. 炒锅置火上，加料酒烧开，加盐、香油，用水淀粉勾薄芡后淋入碗中即可。

小贴士

鹌鹑蛋是禽蛋中胆固醇含量最高的，不宜多食。

蛋里藏珍

16 分钟
美味可口
滋阴润燥

本菜品造型美观，美味可口，常食具有补肺养血、滋阴润燥、降低血压、增强免疫力的功效。

主料

鸡蛋 8 个
香菇 100 克
袖珍菇适量
金针菇适量
西蓝花 120 克
鱿鱼适量
火腿适量

配料

盐适量
油适量

做法

1. 鸡蛋煮熟，去蛋壳，掏去蛋黄；西蓝花洗净，焯水；将其余原材料洗净后，全部切成末状。
2. 将油烧热，放入所有原材料（鸡蛋、西蓝花除外）炒熟，调入盐调味，盛起，装入掏空的蛋中，入锅蒸 10 分钟后装盘，周围摆上西蓝花做装饰。

小贴士

在掏出蛋黄的时候要小心，切不可弄破。

干贝蒸水蛋

15 分钟
香甜可口
滋阴润燥

本菜品味美滑嫩，香甜可口，常食具有补血养颜、健脑益智、滋阴润燥、延缓衰老的功效。

主料

鲜鸡蛋 3 个
湿干贝 10 克
葱花 10 克
淀粉 5 克

配料

盐 2 克
白糖适量
香油适量

做法

1. 将鸡蛋在碗里打散，加入湿干贝、淀粉、盐、白糖、水、香油搅匀。
2. 将鸡蛋放在锅里隔水蒸 12 分钟，至鸡蛋凝结。
3. 将蒸好的鸡蛋撒上葱花，淋上香油即可。

小贴士

可用虾米、虾干、咸鲜虾等替换干贝，制作出多种蒸水蛋。

蛤蜊蒸水蛋

18分钟
鲜美爽滑
滋阴润燥

本品鲜美爽滑，营养全面，具有健脑益智、补肺养血、滋阴润燥的功效，比较适合产妇滋补身体食用。

主料

蛤蜊 300 克
鸡蛋 2 个
红甜椒适量
葱末 10 克
蒜蓉 10 克

配料

盐 2 克
生抽适量
油适量

做法

1. 将蛤蜊洗净；将鸡蛋磕入碗中，加水、盐搅拌成蛋液；将红甜椒洗净，去籽后切末。
2. 将鸡蛋放入蒸锅中蒸 10 分钟，取出。
3. 将油锅烧热，下入蛤蜊炒至断生，加入红甜椒、蒜蓉同炒至熟，调入盐、生抽，盛在蒸蛋上。
4. 撒上葱末即可。

小贴士

蛤蜊壳上沾的污物不容易清洗掉，可用刷子将其表面刷洗干净。

清蒸武昌鱼

27 分钟
鲜香味美
补虚养血

本菜品鱼形完整、晶莹似玉，鱼肉鲜美，汤汁原汁原味、淡爽鲜香，常食具有益脾补虚、养血健胃的功效。

主料

武昌鱼 1 条
火腿片 30 克
姜片 20 克
葱丝 20 克
鸡汤适量

配料

盐 3 克
料酒适量
油适量

做法

1. 将鱼处理干净，在鱼身两侧剞上花刀，撒上盐、料酒腌渍。
2. 用油抹匀鱼身，火腿片与姜片置鱼身上，上笼蒸 15 分钟。
3. 锅中下入鸡汤，烧沸，起锅浇在鱼上，撒上葱丝即成。

小贴士

要保持大火，蒸至鱼眼凸出为好。

糖醋黄花鱼

20 分钟
外酥里嫩
益气填精

本菜品酸酸甜甜、外酥里嫩，常食具有健脾开胃、益气填精、健脾暖中、延缓衰老的功效。

主料

黄花鱼 1 条
青甜椒丝 10 克
红甜椒丝 10 克
姜丝适量
蒜蓉适量
淀粉适量

配料

醋适量
盐适量
白糖适量
料酒适量
油适量

做法

1. 将黄花鱼处理干净，然后放入沸水中汆熟，取出放入盘中，撒上青甜椒丝、红甜椒丝。
2. 锅中注油，烧热，放入蒜蓉、姜丝爆香，加入白糖、醋、盐、料酒，烧至微滚时用淀粉勾芡，淋于黄花鱼上即可。

小贴士

黄花鱼以大小适中为宜，将其油炸至干，身呈金黄色，吃起来口感更佳。

茶树菇蒸鳕鱼

30 分钟
汤浓味美
增强免疫力

茶树菇能益气开胃、增强免疫力；鳕鱼能活血化淤；红甜椒能增进食欲、防癌抗癌。搭配食用，效果更佳。

主料

鳕鱼 300 克
茶树菇 75 克
红甜椒 75 克
高汤适量

配料

盐 3 克
黑胡椒粉 1 克
香油适量

做法

1. 将鳕鱼两面均匀抹上盐、黑胡椒粉腌 5 分钟，然后置入盘中备用。
2. 将茶树菇洗净，切段，红甜椒洗净后切细条，都铺在鳕鱼上面。
3. 将高汤淋在鳕鱼上，放入蒸锅中，以大火蒸 20 分钟，取出后淋上香油即可。

小贴士

选购茶树菇，以颜色棕色、闻起来有清香味者为佳。

清汤黄花鱼

20分钟
汤浓味美
益气填精

本菜品汤浓味美，常食具有益气填精、增强免疫力、延缓衰老的功效。黄花鱼富含硒元素，能清除人体代谢产生的自由基，延缓衰老。

主料

黄花鱼1条
葱段2克
姜片2克
红甜椒粒适量

配料

盐2克
香油适量

做法

1. 将黄花鱼处理干净备用。
2. 净锅上火，倒入水，放入葱段、姜片，下入黄花鱼煲至熟，调入盐、香油，撒上红甜椒粒即可。

小贴士

脾胃虚弱、少食腹泻者宜食黄花鱼。

甜椒炒虾仁

15分钟
肉质鲜嫩
提神健脑

常食用本品具有健胃消食、保护肝脏、滋阴润燥、补肾强身的功效。虾仁富含蛋白质和钙，且脂肪含量较低，是健脑、养胃的佳品。

主料

虾仁 200 克
青甜椒 100 克
红甜椒 100 克
鸡蛋 1 个
淀粉适量

配料

盐适量
胡椒粉适量
油适量

做法

1. 将青甜椒、红甜椒洗净，切丁备用。
2. 将鸡蛋打散，搅拌成蛋液。
3. 将虾仁洗净，放入鸡蛋液、淀粉、盐入味后过油，捞起待用。
4. 锅内留油，下入青甜椒、红甜椒炒香，再放入虾仁翻炒入味，起锅前放入胡椒粉、盐调味即可。

小贴士

最好选购无色透明、手感饱满并富有弹性的虾仁。

韭菜炒虾仁

10分钟
脆嫩鲜香
补肾助阳

本菜品脆嫩鲜香，常食具有健胃提神、补肾助阳的功效。韭菜富含维生素、矿物质及粗纤维，有温中行气、壮阳的作用。

主料

韭菜 200 克
虾 200 克
姜 5 克

配料

盐 2 克
油适量

做法

1. 将韭菜洗净后切成段。
2. 将虾处理干净。
3. 将姜洗净后切片。
4. 锅上火，加油烧热，下入虾仁炒至变色。
5. 再加入韭菜段、姜片，炒至熟软后，调入盐即可。

小贴士

韭菜特别容易出水，一定要快炒。

虾米上海青

10分钟
清新爽口
补肾强身

本菜品清新爽口，常食具有降低血压、调理胃肠、养心润肺、补肾强身的功效。

主料

嫩上海青 200 克
虾米 50 克
葱花适量
姜片适量
高汤适量

配料

盐适量
油适量
香油适量

做法

1. 将上海青洗净，根部削成锥形后划出“十”字形；将虾米用温水泡软待用。
2. 上锅点火，加水烧热后放入上海青，变色后捞出；锅中留少许油，待油热后放入葱花、姜片煸出香味。
3. 加入高汤、虾米、盐、上海青，盖上锅盖焖 2 ~ 3 分钟，淋入香油即可出锅。

小贴士

淡质虾米可摊晒在太阳下，干后再装入瓶内保存。

粉丝煮珍珠贝

10分钟
鲜香爽滑
增强免疫力

胡萝卜能补中益气、抵抗癌症；上海青能降低血脂、增强免疫力；香菇能降低血压、延缓衰老。搭配食用，效果更佳。

主料

胡萝卜 50 克
珍珠贝 150 克
香菇 150 克
上海青 100 克
粉丝 150 克
葱适量

配料

盐 3 克
油适量

做法

1. 将胡萝卜洗净，切菱形片；将珍珠贝洗净；将上海青洗净，去叶留梗；将香菇水泡后洗净，切块；将粉丝泡发，洗净；将葱洗净，切末。
2. 锅中加油，烧热，放入珍珠贝略炒后，注水煮至沸，加入胡萝卜、香菇、上海青、粉丝、葱末焖煮。
3. 再加入盐调味即可。

小贴士

急慢性肝炎、脂肪肝、胆结石及便秘患者宜食香菇。

明虾海鲜汤

35分钟
汤浓味美
补肾壮阳

本菜品汤浓味美，常食具有健胃消食、防癌抗癌、养血固精、补肾壮阳的功效。

主料

大明虾2条
西红柿2个
洋葱100克
西蓝花50克

配料

盐3克
油适量

做法

1. 将明虾处理干净。
2. 将西红柿洗净，切块；将洋葱剥膜，洗净，切小块。
3. 将西蓝花切小朵，撕去梗皮，洗净。
4. 锅中加适量水，开中火，先下西红柿、洋葱熬汤，煮约25分钟，续下明虾、西蓝花煮熟，加盐、油调味即成。

小贴士

秋季可多食用西蓝花，这时的西蓝花花茎中的营养成分含量最高。

银耳甜汤

30 分钟
甜香可口
滋阴润肺

本汤品甜香可口，常食具有补血养颜、滋阴润肺、养心安神、增强免疫力的功效。其中的银耳能提高肝脏解毒能力，保护肝脏功能。

主料

薏苡仁 100 克
银耳 100 克
莲子适量
桂圆肉适量
枸杞子适量
红枣适量

配料

红糖 6 克

做法

1. 将薏苡仁、莲子、桂圆肉、枸杞子、红枣洗净后浸泡。
2. 将银耳泡发，洗净后撕成小朵备用。
3. 汤锅上火，倒入水，下入薏苡仁、水发银耳、莲子、桂圆肉、枸杞子、红枣煲至熟，调入红糖搅匀即可。

小贴士

干银耳泡发后会变很多，应根据食量泡发。

莲子百合汤

200 分钟
甜香可口
养阴润肺

莲子能滋养补虚、强心安神；百合能养阴润肺、清心安神；黑豆能健脑益智、增强活力。搭配食用，效果更佳。

主料

莲子 50 克
百合 10 克
黑豆 200 克
鲜椰汁适量

配料

冰糖 30 克
陈皮 1 克

做法

1. 将莲子用滚水浸半小时，再煲煮 15 分钟，倒出冲洗；将百合、陈皮浸泡，洗净；将黑豆洗净，用滚水浸泡 1 小时以上。
2. 将水烧滚，下入黑豆，用大火煲半小时，下入莲子、百合、陈皮，中火煲 45 分钟，改小火煲 1 小时，下入冰糖，待溶，入椰汁即成。

小贴士

夏莲养分足，颗粒饱满，肉厚质佳；秋莲颗粒细长，口感硬。

参归银耳汤

15 分钟
鲜香爽滑
补肾强精

本汤品营养丰富，常食具有滋阴养胃、润肺化痰、补肾强精、延年益寿的功效。其中的银耳富含天然特性胶质，有润肤养颜的作用。

主料

水发银耳 120 克
菜心 30 克
当归 2 克
党参 2 克
葱适量
姜适量
枸杞子适量

配料

盐 3 克
香油适量
油适量

做法

1. 将水发银耳洗净，撕成小朵。
2. 将菜心洗净备用。
3. 净锅上火，倒油烧热，将葱、姜、当归、党参炒香，倒入水，调入盐烧开，下入水发银耳、菜心、枸杞子煮熟，淋入香油即可。

小贴士

银耳天然略带微黄色，纯白银耳均为硫黄所熏，购买时应留意。

毛丹银耳汤

13分钟
香甜美味
滋补强壮

西瓜能生津止渴、利尿除烦；红毛丹能补血理气、滋补强壮；银耳能补血美容、补肾强精。搭配食用，效果更佳。

主料

西瓜 50 克
红毛丹 50 克
银耳 200 克

配料

冰糖适量

做法

1. 将银耳泡水、去蒂头，切小块，入滚水烫热，沥干。
2. 将西瓜去皮，切小块。
3. 将红毛丹去皮、去籽。
4. 将冰糖加适量水熬成汤汁，待凉。
5. 将西瓜、红毛丹、银耳、冰糖水放入碗，拌匀即可。

小贴士

红毛丹要即买即食，不宜久藏。

莲子糯米羹

50 分钟
软糯甜香
滋补元气

糯米能健脾养胃、补虚养血；红枣能补脾益气、养血安神；莲子能益肾涩精、滋补元气。搭配食用，效果更佳。

主料

糯米 100 克
红枣 10 颗
莲子 150 克
红甜椒粒适量

配料

冰糖适量

做法

1. 将莲子洗净后去莲心。
2. 将糯米淘净，加适量水以大火煮开，转小火慢煮 20 分钟。
3. 将红枣洗净，与莲子一起加入已煮开的糯米中续煮 20 分钟。
4. 等莲子熟软，加冰糖，撒上红甜椒粒即可。

小贴士

鲜枣不宜多吃，否则易生痰、助热。

雪梨银耳百合汤

40 分钟
香甜可口
滋阴润肺

本汤品香甜可口，常食具有美容养颜、生津润燥的功效。

主料

银耳 150 克
雪梨 100 克
枸杞子适量
百合适量
葱花适量

配料

冰糖适量

做法

1. 将雪梨洗净，去皮、去核，切小块待用。
2. 将银耳泡半小时，洗净后撕成小朵。
3. 将百合、枸杞子洗净待用。
4. 锅中倒入清水，放银耳，大火烧开，转小火将银耳炖烂，放入百合、枸杞子、雪梨、冰糖，炖至雪梨熟，撒上葱花即可。

小贴士

外感风寒者不宜食用银耳。

银耳木瓜盅

40分钟
香甜爽口
补肾强精

本品造型美观，香甜爽口，常食具有健胃消食、补血美容、通乳抗癌、补肾强精的功效。

主料

银耳 20 克
木瓜 1 个
莲子适量
芹菜叶适量

配料

冰糖适量

做法

1. 将木瓜洗净后在 1/3 处切开，去掉内瓤，并在开口处切一圈花边，制成木瓜盅。
2. 将银耳泡发半小时，洗净撕小片。
3. 莲子去心，洗净备用。
4. 将银耳和莲子放入木瓜盅内，加入冰糖，倒入适量清水，置于蒸锅中，隔水蒸熟，饰以芹菜叶即可。

小贴士

木瓜可以生吃，也可以再上锅蒸 8 分钟食用。

乌鸡粥

90 分钟
鲜香不腻
补肾益精

本品鲜香不腻，常食具有补脾益气、健脑益智、益气养血、补肾益精的功效。其中的红枣对病后体虚的人有良好的滋补作用。

主料

乌鸡腿 1 只
红枣 15 克
大米 50 克
参须 15 克

配料

盐适量

做法

1. 将大米洗净，泡水 1 小时。
2. 将乌鸡腿洗净剁成块。
3. 将参须洗净后泡水 1 杯备用。
4. 锅中注水，放入红枣、大米，用大火煮开。
5. 加入乌鸡腿、参须水，煮开后，改用小火慢慢炖煮至粥稠，调入盐稍煮即可食用。

小贴士

大米放在冷水里浸泡 1 小时，这样米饭会粒粒饱满。

第五章

清理肠道这样吃

大肠是人体消化和吸收的最后一个器官，如果毒素不及时排出，就会导致各种疾病的产生，因此要经常清肠排毒。多食用富含膳食纤维的食物可润肠通便，清理大肠残留的毒素。

盐水菜心

10 分钟
爽脆可口
润肠通便

本菜品爽脆可口，常食具有凉血止血、解毒生津、润肠通便、护肤养颜的功效。

主料

菜心 200 克
红甜椒 20 克
白萝卜 100 克
高汤适量

配料

盐适量
油适量

做法

1. 将红甜椒洗净，切丝；将白萝卜洗净后去皮，切丝；将菜心洗净备用。
2. 锅上火，加水烧开，下入菜心稍焯后捞出装盘。
3. 原锅加油，烧热，爆香白萝卜丝、红甜椒丝，下入高汤、盐烧开，倒入装有菜心的盘中即可。

小贴士

在水中放入盐的目的是使菜心熟得更快。

炝汁白菜

10 分钟
脆嫩鲜香
健脾益胃

常食用本品具有健脾益胃、润肠通便、增进食欲的功效。白菜富含维生素 C 及 B 族维生素，对胃肠非常有益。

主料

白菜 400 克
红椒段适量
姜末适量

配料

盐适量
酱油适量
油适量

做法

1. 将白菜洗净，放入开水稍烫，捞出后沥干水分，切成条，放入容器。
2. 将油锅烧热，放入姜末煸出香味，加入红椒段，加盐、酱油炒匀。
3. 将炒好的汁浇在白菜上，装盘即可。

小贴士

反复加热的白菜不宜食用。

虾仁小白菜

7分钟
爽滑鲜嫩
润肠通便

虾肉蛋白质含量高，脂肪少，和小白菜一样都富含矿物质及维生素。本菜品能促进体内代谢，使大小便顺畅，改善长期干咳症状。

主料

虾仁 200 克
小白菜 80 克
牛奶适量
姜适量

配料

盐适量
油适量

做法

1. 将姜洗净，切丝。
2. 将小白菜洗净。
3. 将虾仁挑去背部泥肠，洗净。
4. 将油锅烧热，放入虾仁稍炒，加入适量清水煮开，加入小白菜，倒入牛奶，再放入姜丝同煮，调入盐拌匀。
5. 起锅装盘即可。

小贴士

小白菜制作菜肴时，烹制时间不宜过长，以免使营养流失。

翡翠白菜汤

20 分钟
鲜香味美
益胃生津

白菜能益胃生津、清热除烦；豆苗能促进消化、美白护肤；猪瘦肉能补肾养血、滋阴润燥。搭配食用，效果更佳。

主料

白菜叶 150 克
豆苗 50 克
猪瘦肉 30 克
葱末 2 克
姜末 2 克
枸杞子适量

配料

盐适量
香油适量
油适量

做法

1. 将白菜叶洗净，撕块。
2. 将豆苗择洗净。
3. 将猪瘦肉洗净，切片备用。
4. 净锅上火，倒入油，将葱、姜爆香，下入猪肉煸炒，下入白菜、豆苗翻炒，倒入水，调入盐煲至熟，放上枸杞子，淋入香油即可。

小贴士

优质的白菜要求菜叶鲜嫩，菜帮洁白，包裹得较紧密，无病虫害。

炝甜椒

5 分钟
酸香美味
降脂减肥

本菜品清脆爽口，酸香美味，常食具有增进食欲、解热镇痛、防癌抗癌、降脂减肥的功效。

主料

青甜椒 200 克
红甜椒 100 克

配料

盐 2 克
醋适量
酱油适量
五香粉适量

做法

1. 将青甜椒、红甜椒洗净，切长条。
2. 把青甜椒、红甜椒放入沸水中焯至断生，捞出沥干，装盘。
3. 取一小碗，加入凉开水、盐、醋、酱油、五香粉拌匀，淋在甜椒上即可。

小贴士

选购外皮紧实、表面有光泽的甜椒为宜。

火山降雪

5分钟
香甜爽口
清热解毒

本菜品香甜爽口，造型美观，常食具有防癌抗癌、祛斑美白、延缓衰老的功效。其中的西红柿有增进食欲、减少胃胀食积的作用。

主料

西红柿250克
香菜叶适量

配料

白糖50克

做法

1. 将西红柿洗净，切片。
2. 将香菜叶洗净备用。
3. 将西红柿片摆入盘中，堆成山形。
4. 撒上白糖，饰以香菜叶即可。

小贴士

西红柿不宜空腹吃，否则会使胃酸分泌量增多。

红腰豆西芹百合

15 分钟
鲜香可口
清肠利水

红腰豆能补血益气、利水消肿；百合能清心安神、养阴润肺；西芹能平肝清热、清理肠道。搭配食用，效果更佳。

主料

红腰豆 100 克
百合 250 克
西芹 250 克
淀粉适量

配料

盐适量
姜汁适量
葱油适量

做法

1. 将西芹洗干净，分切成小段；将百合洗干净备用。
2. 将西芹、百合、红腰豆下入沸水中滚煮至熟后，捞起沥干，然后将葱油、姜汁放入锅中烧热，再放入西芹、百合、红腰豆翻炒。
3. 加入盐炒匀，用淀粉勾芡后，盛出装在容器内即可。

小贴士

将西芹先放沸水中焯烫，既可以使成菜颜色翠绿，还可减少炒菜的时间。

芹菜虾仁

10 分钟
清醇爽口
清肠利便

芹菜能清肠利便、凉血止血；虾仁能健胃消食、补肾强身；西红柿能健胃消食、祛斑美白。搭配食用，效果更佳。

主料

芹菜 100 克
虾仁 150 克
西红柿 100 克

配料

盐 2 克
料酒适量
香油适量

做法

1. 将芹菜洗净，切成长短一致的段。
2. 将西红柿洗净，切片摆盘。
3. 将虾仁处理干净，加盐、料酒腌渍。
4. 锅置火上，注入清水烧开，放入芹菜、虾仁烫熟后捞出摆盘，淋上香油。

小贴士

芹菜是一种理想的绿色减肥食物。

12分钟
酸香味美
滋补气血

老醋四样

花生米能滋补气血、增强记忆力；黄瓜能降低血糖、增强免疫力；猪肉能滋阴润燥、丰肌泽肤。搭配食用，效果更佳。

主料

熟花生米 100 克
海蜇头 50 克
黄瓜 50 克
猪肉 50 克
香菜 30 克
熟白芝麻 30 克
红甜椒 20 克

配料

盐适量
醋适量

做法

1. 将海蜇头洗净，切块；将黄瓜洗净，切条；将猪肉洗净，切片；将红甜椒洗净，去籽，切圈；将香菜洗净，切段。
2. 将锅中水烧沸，分别放入海蜇头、黄瓜、猪肉汆熟，盛起放入盘中。
3. 再放入盐、醋，撒上红甜椒、香菜、熟白芝麻，拌匀即可。

小贴士

海蜇吃前应在清水中浸泡一两天，否则会很咸。

西芹炒百合

10分钟
清醇爽口
养阴润肺

本菜品清醇爽口，常食有平肝降压、养阴润肺、清心安神的功效。其中的西芹有减少致癌物与结肠黏膜的接触，预防结肠癌的作用。

主料

西芹400克
百合3个
红甜椒片适量

配料

盐适量
油适量

做法

1. 将西芹切去根，洗净，去皮后切菱形片。
2. 将百合去根，剥开后洗净。
3. 净锅上火，加入适量清水，调入盐，待水沸后，放入西芹、红甜椒片、百合焯透，捞出沥干水分。
4. 锅上火，注入适量油，烧至四成热，倒入焯过的西芹、红甜椒片、百合，炒热，放入盐，炒匀盛入盘中即可。

小贴士

西芹叶所含营养较多，食用时不要把嫩叶扔掉。

五谷羊羔肉

18分钟
鲜香细嫩
健脾益胃

本菜品肉质细嫩，鲜香味美，常食具有温补肝肾、健脾益胃、大补元气、强身健体的功效。

主料

荞面馒头 300 克
羊羔肉 300 克
红甜椒 50 克
姜片 10 克
葱段适量

配料

八角 5 克
盐适量
白糖 5 克
油适量

做法

1. 将羊羔肉洗净，切成柳叶片。
2. 将红甜椒洗净，切片。
3. 将荞面馒头入油锅，炸至金黄色后捞出沥油。
4. 将油锅烧热，爆香姜片、葱段、八角、红甜椒片，下入羊羔肉、荞面馒头、盐、白糖调味，炒至入味即可。

小贴士

做羊羔肉多选择当年羯羊或周岁以内的羊。

25分钟
爽滑可口
通便排毒

鸡肉卷

雪梨能生津润燥、养血生肌；鸡肉能益气养血、强筋壮骨；菜心能利尿通便、清热解毒。搭配食用，效果更佳。

主料

雪梨 200 克
鸡肉 300 克
菜心 200 克
火腿 100 克
蒜蓉适量
红甜椒丝适量
淀粉适量

配料

姜汁适量
盐适量
油适量
白糖适量

做法

1. 将鸡肉洗净，切片，用姜汁、盐、白糖腌渍。
2. 将菜心洗净后与火腿同切段。
3. 将雪梨洗净，去皮与核，切条。
4. 用一片鸡肉卷一条菜心、一条火腿，卷好后用淀粉封口，下入油锅炸至呈金黄色，捞出。
5. 另起油锅，爆香蒜蓉，下入鸡肉卷和梨条略炒，用盐、白糖调味，勾芡，装盘，放上红甜椒丝即可。

小贴士

梨含果酸较多，胃酸多者不宜多食梨。

12 分钟
清脆爽口
健胃消食

西芹炒胡萝卜

本菜品清脆爽口，常食具有补中益气、健胃消食、清肠利便、增强免疫力的功效。

主料

西芹 250 克
胡萝卜 150 克

配料

盐 3 克
油适量
香油适量

做法

1. 将西芹洗净，切菱形块，入沸水锅中焯水。
2. 将胡萝卜洗净，切成粒。
3. 锅中注油，烧热，放入西芹爆炒，再加入胡萝卜粒一起炒至熟。
4. 调入香油、盐调味，即可出锅。

小贴士

脾胃虚寒、肠滑不固者应少吃芹菜。

鸡蓉酿苦瓜

35 分钟
清香美味
补气养颜

苦瓜和鸡肉搭配，不仅能使鸡肉补虚益气的功效得到最大发挥，还能减轻油腻，起到清热消肿的作用。

主料

鸡脯肉 200 克
苦瓜 250 克
葱 6 克
姜 5 克
红甜椒片适量

配料

盐适量

做法

1. 将苦瓜洗净，切成段，掏空备用；将鸡脯肉洗净，剁成蓉；将葱、姜洗净后切末，加入鸡蓉中，调入盐拌匀。
2. 锅中加水，煮沸后放盐，放入掏空的苦瓜，过水焯烫后捞起，将调好味的鸡蓉灌入苦瓜圈中，再装入盘中。
3. 将盘放入锅中蒸约 20 分钟至熟，再摆好红甜椒片作装饰即可。

小贴士

便秘、肝火旺盛者可多食苦瓜。

苦瓜酿三丝

15 分钟
鲜香美味
预防便秘

猪肉能滋阴润燥、丰肌泽肤；苦瓜能利尿消肿、降低血糖；竹笋能益气和胃、预防便秘。搭配食用，效果更佳。

主料

猪肉 50 克
竹笋 100 克
香菇 10 克
苦瓜 200 克
葱适量
水淀粉适量
香菜适量

配料

盐适量
油适量
砂糖适量

做法

1. 将猪肉、竹笋、香菇洗净后切成丝，入油锅中爆香后，加入水、盐、砂糖烧至酥烂；将香菜洗净备用。
2. 将苦瓜洗净，切筒，汆水；将葱洗净后切段，与三丝混合塞入苦瓜中。
3. 将原料并排放盘中，放进微波炉中用高火蒸约 3 分钟后取出。
4. 将锅烧热，放入油及适量的水、盐，调入水淀粉勾芡，淋在苦瓜上，撒上香菜即可。

小贴士

可将切好的苦瓜在盐水中浸泡一段时间，可减轻其苦味。

胡萝卜酿苦瓜

18 分钟
爽滑可口
润肠通便

本菜品造型美观，营养美味，常食具有滋阴润燥、利尿消肿、益气和胃、预防便秘的功效。

主料

猪肉 200 克
苦瓜 250 克
胡萝卜 50 克
淀粉适量

配料

胡椒粉适量
盐适量
料酒适量
油适量

做法

1. 将猪肉洗净，剁末；将苦瓜洗净，切段，掏空瓤；将胡萝卜洗净，切末。
2. 将肉末加盐、料酒、胡椒粉、淀粉拌匀。
3. 将肉末灌入苦瓜段中，放上胡萝卜末。
4. 盘底刷一层油，放上备好的材料，入锅蒸熟即可。

小贴士

苦瓜具有良好的降血糖作用，是糖尿病患者的理想蔬菜。

杏仁拌苦瓜

9 分钟
清醇可口
清热利尿

常食用本品具有清热解毒、益肾利尿、降糖降脂、润肠通便的功效。其中的杏仁富含蛋白质、胡萝卜素以及矿物质，是润肺、滑肠的佳品。

主料

杏仁 50 克
枸杞子 5 克
苦瓜 250 克

配料

盐适量
香油适量

做法

1. 将苦瓜剖开，去掉瓜瓤，洗净后切成薄片，放入沸水中焯至断生，捞出后沥干水分，放入碗中。
2. 将杏仁用温水泡一下，撕去外皮，掰成两瓣，放入开水中烫熟。
3. 将枸杞子泡发，洗净。
4. 将香油、盐与苦瓜搅拌均匀，再撒上杏仁、枸杞子即可食用。

小贴士

杏仁营养丰富，在菜肴中的应用值得推广和介绍。

潮式苦瓜煲

30分钟
鲜香味美
清肠益胃

苦瓜能明目解毒、防癌抗癌；大豆能健脾宽中、增强免疫力；酸菜能增进食欲、清肠益胃。搭配食用，效果更佳。

主料

苦瓜 250 克
素肉 100 克
大豆 20 克
水发香菇 20 克
酸菜 20 克
蒜 10 克
胡萝卜片适量
上汤适量

配料

盐 3 克
油适量

做法

1. 将苦瓜洗净，切块；将素肉洗净后切块；将大豆、水发香菇均洗净；将酸菜洗净后切条；将蒜去皮，洗净。
2. 将水烧开，入苦瓜焯烫；将蒜入油锅炸至金黄色。将所有原料加入蒜和上汤，煲至入味后，然后加入盐调味即可。

小贴士

酸菜炖熟煮透了才可以食用。

什锦芥菜

12 分钟
清脆可口
润肠通便

芥菜能缓解疲劳、润肠通便；甜椒能增进食欲；香菇能降低血脂、增强免疫力。搭配食用，效果更佳。

主料

芥菜 60 克
红甜椒 15 克
黄甜椒 15 克
香菇 10 克

配料

盐适量
香油适量

做法

1. 将芥菜、香菇洗净，切块；将红甜椒、黄甜椒去籽，洗净后切块。
2. 将芥菜、香菇、红甜椒、黄甜椒放入热水中焯熟。
3. 将焯熟后的芥菜、香菇、红甜椒、黄甜椒均装入同一盘中，加盐、香油搅拌均匀即可。

小贴士

芥菜尤其适合老年人及习惯性便秘者食用。

柠汁莲藕

50 分钟
酸甜味美
利尿通便

柠檬的酸甜和藕片的清脆使得本菜品风味独特，常食具有生津止渴、利尿通便、滋阴养血、增强免疫力的功效。

主料

莲藕 400 克
枸杞子 25 克
柠檬汁适量
豌豆适量

配料

白糖 25 克
盐适量
白醋适量

做法

1. 将莲藕去皮，洗净，切薄片，入沸水中焯一下捞出，加盐腌一下。
2. 将枸杞子泡发并洗净。
3. 将豌豆洗净，焯水。
4. 将柠檬汁、白糖、盐、白醋兑成汁，淋在莲藕上，放入豌豆、枸杞子，浸制 15 分钟。
5. 再入冰箱冷藏 30 分钟即可。

小贴士

莲藕片切得越薄，口感越好。

凉拌水笋

10分钟
清醇爽口
清热通便

本菜品清醇爽口，常食具有补肾助阳、补中益肝、清热通便、降低血压的功效。

主料

水笋150克
韭菜薹50克
葱20克

配料

盐3克
香油适量

做法

1. 将水笋洗净，切成条；将韭菜薹洗净，切成段；将葱洗净后切葱花。
2. 将笋条和韭菜薹段依次下入沸水中焯熟，捞出，沥干水分后装入碗内。
3. 加入盐、香油，拌匀后装盘，撒上葱花即可。

小贴士

韭菜薹不仅是美味佳蔬，而且也有较高的药用价值。

凉拌春笋

10分钟
爽滑可口
健脾开胃

春笋能清热化痰、益气和胃；榨菜能健脾开胃；火腿能养胃生津、益肾壮阳。搭配食用，效果更佳。

主料

春笋 400 克
榨菜 30 克
火腿片 10 克
水淀粉 30 毫升
高汤适量

配料

盐 3 克
香油适量
油适量

做法

1. 将春笋洗净，切成滚刀斜块。
2. 将春笋、火腿片入沸水锅中，焯水至熟，捞起沥干水分，与榨菜同装盘中。
3. 将锅中油烧热，下入香油、水淀粉、高汤，炒香后起锅，倒在装有原材料的盘中拌匀即可。

小贴士

优质榨菜呈青色或淡黄色，菜体脆爽有光泽，气味浓郁鲜香。

山野笋尖

20 分钟
爽脆鲜香
润肠通便

本菜品造型美观，爽脆鲜香，常食具有增进食欲、益气和胃、润肠通便、降低血脂的功效。

主料

鲜笋尖 100 克
红甜椒 10 克
胡萝卜 5 克
姜 5 克
蒜 4 克
香菜适量

配料

盐 2 克
香油适量

做法

1. 将笋尖去头尾洗净，切小段，下入沸水中，加盐，煮至断生后捞出，晾凉；将香菜洗净。
2. 将红甜椒洗净，切丝，下入沸水中煮至断生，捞出晾凉。
3. 将红甜椒丝穿入笋内；将胡萝卜洗净，刻成花后和香菜一起放入盘中。
4. 将姜、蒜均洗净，切碎，调入盐、香油，制成味碟，供食用时蘸用。

小贴士

竹笋是鲜菜，越新鲜越嫩，口感越好。

香油玉米笋

15分钟
清鲜脆嫩
瘦身美容

本菜品清鲜脆嫩，爽口宜人，常食具有降低血脂、强身健脑、瘦身美容的功效。

主料

玉米笋8个
玉米粒100克
上海青8棵
枸杞子适量

配料

香油适量
盐适量

做法

1. 将玉米笋去衣，切掉穗梗，洗净后煮熟备用。
2. 将玉米粒、枸杞子、上海青洗净，上海青去叶切成形。全部入沸水锅中，加盐烫熟后备用。
3. 将所有原材料摆盘，淋上香油即可。

小贴士

玉米笋不宜煮太久，以免影响其爽脆口感。

豌豆炒香菇

18 分钟
鲜香爽滑
润肠通便

本菜品鲜香爽滑，常食具有调和脾胃、润肠通便、降低血脂、防癌抗癌的功效。

主料

豌豆 350 克
香菇 150 克
水淀粉适量
杏仁适量

配料

盐 2 克
油适量

做法

1. 将豌豆洗净，焯水后捞出沥干。
2. 将香菇泡发，洗净，切块。
3. 将炒锅注油，烧至七成热，放入香菇翻炒，再放入豌豆、杏仁同炒至熟。
4. 调入盐调味，用水淀粉勾芡，最后装盘即可。

小贴士

炒熟的干豌豆尤其不易消化。

话梅山药

75 分钟
酸甜可口
补脾养胃

本菜品造型美观，酸甜可口，常食具有消肿解毒、补脾养胃、生津益肺、滋补强壮的功效。

主料

山药 300 克
话梅 4 颗
黄瓜适量
芹菜叶适量

配料

冰糖适量

做法

1. 将山药去皮，洗净，切长条，入沸水锅，焯水后放冰水里冷却，装盘。
2. 将黄瓜洗净，切片；将芹菜叶洗净备用。
3. 锅置火上，加入少量水，放入话梅和冰糖，熬至冰糖溶化，盛出晾凉，再倒在山药上。
4. 将山药放冰箱冷藏 1 小时，待汤汁渗入后取出，饰以黄瓜片和芹菜叶。

小贴士

山药皮的汁液含有使皮肤瘙痒的物质，去皮时，最好戴上手套。

冬瓜百花展

30 分钟
爽滑鲜香
益气养血

西蓝花能降低血压、增强免疫力；鸡脯肉能温中补脾、益气养血；冬瓜能利尿消肿、瘦身美容。搭配食用，效果更佳。

主料

西蓝花 150 克
鸡脯肉 200 克
鹌鹑蛋 200 克
冬瓜 400 克
淀粉适量
鲜汤适量
红甜椒粒适量

配料

盐适量
油适量
香油适量

做法

1. 将冬瓜去皮，洗净后切菱形块，把中间挖成菱形；将鸡脯肉洗净，剁成末；将西蓝花洗净后切块，焯水；将鹌鹑蛋煮熟，去壳待用。
2. 将鸡肉末加淀粉、盐拌匀，填入挖空的菱形冬瓜中，装盘上锅蒸熟；将锅烧热后放入油，加鲜汤，烧开后淋入香油，再将汤浇在蒸好的冬瓜上，将西蓝花和鹌鹑蛋放入盘中，红甜椒粒置于冬瓜上即可。

小贴士

冬瓜多为新鲜食用，不可腌制储存。

荷花烩素

30 分钟
香甜爽滑
健胃消食

西红柿能健胃消食、防癌抗癌；洋葱能缓解疲劳、提神醒脑；玉米笋能软化血管、延缓衰老。搭配食用，效果更佳。

主料

西红柿 150 克
洋葱 60 克
竹荪 10 条
玉米笋 10 条
韭菜花 10 条
松仁 10 克
淀粉 5 克

配料

盐 2 克
白糖 2 克
油适量

做法

1. 将西红柿和洋葱洗净，切好；将韭菜花、玉米笋洗净后各切成 10 厘米长的段；将竹荪用温水泡开。
2. 将西红柿、洋葱焯熟后摆入碟内呈荷花状；将玉米笋、韭菜花、竹荪入油锅炒熟后摆放在碟中间；松仁炸香后摆在竹荪上。
3. 锅上火，倒入清水煮沸，加入所有调味料，加淀粉勾成芡汁，淋入碟中即可。

小贴士

紫皮洋葱营养价值更高。

清淡小炒皇

25分钟
清淡爽口
润肠通便

荷兰豆能益脾和胃、生津止渴；上海青能降低血脂、增强免疫力；黑木耳能润肠通便、益气强身。搭配食用，效果更佳。

主料

荷兰豆 100 克
上海青 100 克
白果 60 克
黑木耳适量
银耳适量
红甜椒片适量
海蜇头适量
水淀粉适量

配料

盐 3 克
油适量

做法

1. 将荷兰豆、上海青、白果、海蜇头洗净，焯水，荷兰豆、上海青切段。
2. 将黑木耳、银耳均泡发，沥干水。
3. 将油烧热，下入海蜇头、荷兰豆、黑木耳、银耳、白果、红甜椒和上海青，炒至熟。
4. 将盐倒入水淀粉中，搅匀，倒在锅中，炒匀即可。

小贴士

不要将黑木耳在水中浸泡过长时间，否则其所含维生素会悉数流失。

薏苡仁煮土豆

40分钟
香软可口
益气调中

本菜品香软可口，常食具有益气调中、利水消肿、润肠通便的功效。其中的土豆有助于改善消化不良，对胃病患者有益。

主料

薏苡仁50克
土豆200克
葱10克
姜5克
芹菜叶适量

配料

盐2克
香油适量
料酒适量

做法

1. 将薏苡仁洗净，去杂质；将土豆去皮，洗净，切块；将姜洗净后拍松；将葱洗净，切段；将芹菜叶洗净。
2. 将薏苡仁、土豆、姜、葱、料酒同放炖锅内，加水，置大火上烧沸。
3. 转小火炖煮35分钟，加入盐、香油，装碗，饰以芹菜叶即成。

小贴士

发芽的土豆有毒，应避免食用。

土豆泥沙拉

35分钟
鲜香爽滑
健脾和胃

胡萝卜能补中益气、抵抗癌症；豌豆能健脑益智、延缓衰老；土豆能健脾和胃、润肠通便。搭配食用，效果更佳。

主料

胡萝卜300克
豌豆100克
玉米粒100克
土豆400克
香菜适量

配料

盐适量
沙拉酱适量

做法

1. 将胡萝卜去皮后洗净，切丁；将豌豆、玉米粒洗净；将土豆去皮洗净，切片；将香菜洗净备用。
2. 锅中加入水，烧沸后加少许盐，放入胡萝卜、豌豆、玉米粒焯烫断生，捞起，沥干水。
3. 将土豆放入锅中蒸熟，取出放入盘中，研成泥。
4. 接着放入胡萝卜、豌豆、玉米粒拌匀，做成球状，最后挤上沙拉酱，放入香菜即可。

小贴士

更年期妇女、糖尿病和心血管病患者最适宜吃豌豆。

香菇烧土豆

15分钟
鲜香味美
润肠排毒

本菜品香软可口，常食具有益气调中、利水消肿、润肠通便的功效。其中的土豆对消化不良有特效，是胃病和心脏病患者的良药。

主料

土豆 300 克
水发香菇 100 克
青甜椒 50 克
红甜椒 50 克
姜 20 克
香菜适量

配料

盐 3 克
酱油适量
油适量

做法

1. 将土豆去皮后洗净，切丁；将青甜椒、红甜椒洗净，去籽后切丁；将姜去皮后洗净，切片；将香菜洗净备用。
2. 将水发香菇洗净，切块。
3. 锅置火上，倒油加热，先放入香菇炒香。
4. 接着放入土豆、青甜椒、红甜椒、姜片，调入盐、酱油炒匀，再掺适量水煮至熟，装盘，撒上香菜即可。

小贴士

干香菇浸泡时，最好选择 70 摄氏度左右的温热水。

皮蛋豆花

10 分钟
鲜香爽口
益气补虚

本菜品清醇爽口，入口鲜香，常食具有增进食欲、益气补虚、生理止渴、清热润燥的功效。

主料

皮蛋 1 个
豆腐 250 克
鸡汤 15 毫升
葱 15 克

配料

盐适量
香油适量

做法

1. 将豆腐取出，洗净，切成丁，装入盘中，放入蒸锅蒸熟后取出。
2. 将葱洗净后切葱花。
3. 将皮蛋去壳，加葱花、盐、香油拌匀。
4. 将拌好的皮蛋淋在蒸好的豆腐上，淋入鸡汤即可。

小贴士

蛋壳表面有黑色、大小不一的斑点的皮蛋不宜食用。

花生香菇鸡爪汤

30 分钟
汤浓味美
滋补气血

鸡爪能软化血管、美容养颜；花生米能滋补气血、增强记忆力；香菇能降低血压、增强免疫力。搭配食用，效果更佳。

主料

鸡爪 250 克
花生米 45 克
香菇 4 朵
高汤适量
红椒适量
香菜适量

配料

盐 3 克

做法

1. 将鸡爪洗净；将花生米洗净，浸泡；将香菇洗净，切片备用；将红椒洗净，切圈；将香菜洗净，切碎。
2. 净锅上火，倒入高汤，下入鸡爪、花生米、香菇煲至熟，调入盐，装碗，撒上红椒圈、香菜末即可。

小贴士

花生的红衣富含营养，食用的时候尽量避免丢弃。

香菇豆腐汤

15分钟
清香爽口
利尿通便

香菇能降低血压、增强免疫力；豆腐能益气补虚、保护肝脏；竹笋能滋阴凉血、利尿通便。搭配食用，效果更佳。

主料

鲜香菇 100 克
豆腐 90 克
水发竹笋 20 克
香菜 3 克
清汤适量
红甜椒粒适量

配料

盐 3 克

做法

1. 将鲜香菇洗净，切片。
2. 将豆腐洗净后切片。
3. 将水发竹笋洗净切片备用。
4. 将香菜洗净后切碎。
5. 净锅上火，倒入清汤，调入盐，下入香菇、豆腐、水发竹笋煲至成熟，撒入香菜、红甜椒粒即可。

小贴士

鲜笋存放时不要剥壳，否则会失去清香味。

茶树菇炒肚丝

15 分钟
柔嫩鲜香
增强免疫力

本菜品味道鲜美，口感柔嫩，清香四溢，常食具有健脾益胃、益气补中、平肝清热、增强免疫力的功效。

主料

茶树菇 300 克
猪肚丝 100 克
西芹丝 100 克
葱白 20 克
红甜椒 10 克
姜丝 5 克
蒜蓉 5 克
黄瓜片适量

配料

盐 2 克
白糖 2 克
蚝油适量
油适量

做法

1. 将茶树菇洗净，下油锅稍炸，捞出沥油。
2. 将红甜椒一部分切丝，一部分切圈。
3. 将西芹丝和猪肚丝入沸水汆熟。
4. 将油锅烧热，爆香葱白、姜丝、红甜椒丝、蒜蓉，再放入茶树菇、猪肚丝、西芹丝，加入调味料炒匀入味。
5. 装盘，周围饰以黄瓜片和红甜椒圈即可。

小贴士

闻起来有霉味的茶树菇绝对不可购买。

芹菜肉丝

16 分钟
清爽可口
清肠利便

本菜品清爽可口，味道鲜美，常食具有清肠利便、补虚强身、滋阴润燥、丰肌泽肤的功效。

主料

猪肉 200 克
芹菜 200 克
红椒 15 克

配料

盐 3 克
油适量

做法

1. 将猪肉洗净，切丝。
2. 将芹菜洗净，切段。
3. 将红椒去蒂后洗净，切圈。
4. 锅中下油，烧热，放入肉丝略炒片刻，再放入芹菜，加盐调味，炒熟装盘，四周放上红椒圈装饰即可。

小贴士

做小炒，动作一定要快，以保肉质鲜嫩。

排骨苦瓜汤

35 分钟
鲜香肉烂
健脾开胃

本汤品鲜香肉烂，风味独特，常食具有健脾开胃、清暑除热、明目解毒、益精补血的功效。

主料

苦瓜 200 克
排骨 175 克
陈皮 5 克
葱花 2 克
姜丝 2 克
红甜椒粒适量

配料

盐 3 克

做法

1. 将苦瓜洗净，去籽后切块。
2. 将排骨洗干净，斩块后焯水。
3. 将陈皮洗净备用。
4. 煲锅上火，倒入水，调入盐、葱花、姜丝，下入排骨、苦瓜、陈皮煲至熟。
5. 撒上红甜椒粒即可。

小贴士

苦瓜不能煮太久，否则会变黄，而且没有清香味。

排骨冬瓜汤

40 分钟
口味鲜香
清热利尿

本品汤汁清爽，口味鲜香，常食具有清热利尿、降低血脂、滋阴壮阳、益精补血的功效。

主料

排骨 300 克
冬瓜 200 克
姜 15 克
高汤适量
葱花适量

配料

盐 3 克

做法

1. 将排骨洗净，斩块；将冬瓜去皮、瓤，洗净后切滚刀块；将姜洗净后切片。
2. 锅中注水，烧开，下排骨焯烫，捞出沥水。
3. 将高汤倒入锅中，放入排骨煮熟，加入冬瓜、姜片继续煮至熟，加入盐调味，撒上葱花即可。

小贴士

为了保证汤汁清爽，一定要把排骨烫至血沫出尽。

鸭菇冬瓜汤

60 分钟
汤浓味美
清热解毒

本汤品鲜香肉烂，风味独特，常食具有健脾开胃、清暑除热、明目解毒、益精补血的功效。

主料

鸭肉 200 克
草菇 100 克
冬瓜 100 克
胡萝卜 100 克
枸杞子适量
香葱适量
姜适量

配料

盐适量
料酒适量
香油适量

做法

1. 将鸭肉洗净后剁成块；将冬瓜洗净去皮，切成菱形块。
2. 将胡萝卜洗净切滚刀块；将香葱洗净切段；将姜洗净切片。
3. 将鸭肉放入沸水汆烫，滤除血水后捞起。
4. 锅中烧清水，放入鸭肉、草菇、胡萝卜，下入葱、姜，调入盐、料酒、香油煮熟；再放入冬瓜、枸杞子煮至熟即可。

小贴士

冬瓜清热生津、解暑除烦的效果较好，在夏日服食尤为适宜。

花生猪蹄汤

110分钟
鲜香软嫩
补虚养身

本菜品鲜香软嫩，常食具有补虚养身、美容护肤、通乳催奶、健腰强膝的功效。

主料

猪蹄 250 克
花生米 30 克
枸杞子适量
芹菜段适量

配料

盐适量

做法

1. 将猪蹄洗净，切块后汆水。
2. 将花生米用温水浸泡 30 分钟备用。
3. 将枸杞子、芹菜段洗净备用。
4. 净锅上火，倒入水，调入盐，下入猪蹄、花生米、枸杞子、芹菜段，煲 80 分钟即可。

小贴士

猪蹄是老人、妇女和手术、失血者的食疗佳品。

牛肉芹菜土豆汤

35 分钟
鲜香爽口
清肠利便

牛肉能补中益气、补虚养血；土豆能益气调中、润肠通便；芹菜能清热凉血、清肠利便。搭配食用，效果更佳。

主料

熟牛肉 100 克
土豆 30 克
芹菜 30 克
红椒圈 5 克

配料

盐 2 克
油适量

做法

1. 将熟牛肉、土豆、芹菜处理干净，均切丝备用。
2. 汤锅上火，倒入油，下入土豆、芹菜煸炒，倒入水，下入熟牛肉，调入盐煲至熟。
3. 撒入红椒圈即可。

小贴士

牛肉的纤维组织较粗，结缔组织又较多，以横切为宜。

玉米须鲫鱼汤

30 分钟
鲜香味美
利水除湿

本汤品汤浓味美，鱼肉鲜香，常食具有健脾补胃、滋补元气、益气通乳、利水除湿的功效。

主料

鲫鱼 450 克
玉米须 50 克
莲子肉 5 克
葱段 5 克
姜片 5 克
香菜适量
枸杞子适量

配料

盐适量
油适量

做法

1. 将鲫鱼处理干净，在鱼身上打上几刀。
2. 将玉米须洗净。
3. 将莲子洗净备用。
4. 锅上火，倒入油，将葱、姜炝香，下入鲫鱼略煎，倒入水，加入玉米须、枸杞子、莲子肉煲至熟，调入盐，放上香菜即可。

小贴士

鲫鱼烧制时间不宜过长，以保持肉质鲜嫩爽口。

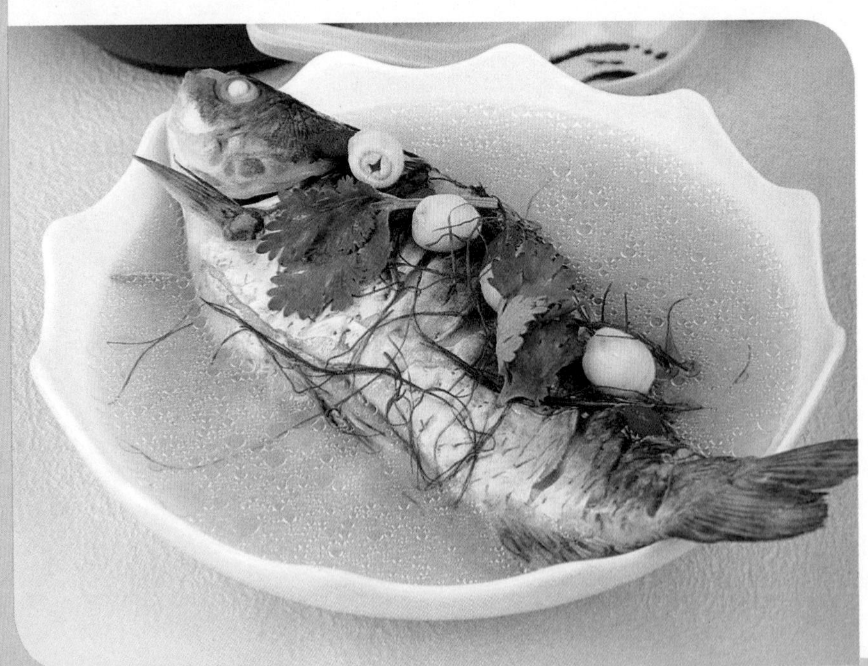

萝卜丝鲫鱼汤

30 分钟
鲜香美味
解毒生津

鲫鱼能益气通乳、利水除湿；白萝卜能解毒生津、利尿通便；胡萝卜能健胃消食、增强免疫力。搭配食用，效果更佳。

主料

鲫鱼 1 条
白萝卜 100 克
胡萝卜 50 克
姜片 10 克
葱花 3 克

配料

盐 3 克
油适量

做法

1. 将白萝卜、胡萝卜洗净，去皮，切细丝。
2. 将鲫鱼处理干净备用。
3. 起油锅，放入鲫鱼，煎至金黄色，加入适量清水，放入姜片，转用大火煮至水开。
4. 放入萝卜丝，大火煮开，转小火煲至汤呈乳白色时，调入盐，撒上葱花即可。

小贴士

最好先把白萝卜丝入开水中烫一下，以去掉辛辣味。

淋巴排毒这样吃

淋巴系统是人体的“清洁工”，具有清除体内各种废物和捕杀癌细胞的功能，也是人体内的“第一排毒器官”。多食用有排毒功能的食物，能有效净化血液，排出身体的毒素。

沙白白菜汤

25 分钟
鲜香味美
清热解毒

本菜品口味鲜甜，常食具有清热解毒、益胃生津、除烦止渴、利尿通便的功效。

主料

沙白 300 克
白菜 250 克
姜末适量
葱末适量
高汤适量
香菜段适量

配料

盐适量
油适量

做法

1. 将沙白剖开后洗净。
2. 将白菜洗净，切段。
3. 锅上火，加油烧热，爆香姜末、葱末，下入沙白煎 2 分钟至腥味去除。
4. 锅中加入高汤，烧沸，下入沙白、白菜煲 20 分钟，调入盐，撒上香菜段即可。

小贴士

一定要使用葱、姜，可以去腥提鲜。

白菜清汤

15 分钟
鲜香脆嫩
排毒养颜

本菜品清淡爽口，鲜香脆嫩，常食具有益胃生津、清热解毒、滋阴润燥、护肤养颜的功效。

主料

白菜 200 克

配料

盐适量
香油适量

做法

1. 将白菜用清水洗干净，掰开备用。
2. 在锅中放入适量清水，再放入白菜，用小火煮10分钟。
3. 出锅时放入盐，淋上香油即可。

小贴士

如果发现白菜叶子有黑点，则不宜购买。

白菜虾仁

15 分钟
香嫩爽滑
润肠排毒

本菜品香嫩爽滑，常食具有益胃生津、清热解毒、润肠通便、补肾壮阳的功效。

主料

白菜 400 克
鲜虾仁 100 克
红甜椒适量
葱适量
高汤适量
水淀粉适量
芹菜叶适量

配料

盐 3 克

做法

1. 将白菜洗净，入水焯熟，沥干水分后逐片摆入盘中；将虾仁剔去虾线，洗净；将红甜椒、葱洗净后切末；将芹菜叶洗净备用。
2. 将锅烧热，倒入部分高汤，加入虾仁、红甜椒、葱末，煮开后加盐调味。
3. 剩余高汤中加入水淀粉调成芡汁，倒在白菜盘中，饰以芹菜叶即可。

小贴士

优质虾仁有虾腥味，体软透明，色泽明亮，用手指按捏弹性小。

蟹柳白菜卷

15分钟
鲜香可口
滋阴润燥

香菇能降低血脂、防癌抗癌；白菜能清热解毒、滋阴润燥；鱿鱼能调节血糖、增强免疫力。搭配食用，效果更佳。

主料

蟹柳300克
白菜200克
鲜鱿鱼适量
鲜香菇适量
瘦肉适量
芹菜叶适量

配料

盐适量
蚝油适量
油适量

做法

1. 将所有原材料处理干净后切好；白菜入热水汆烫。
2. 起油锅，放入鲜鱿鱼、鲜香菇、瘦肉炒至八成熟，再加入盐、蚝油炒香盛出。
3. 将白菜叶中包入炒好的鱿鱼香菇肉馅，卷成方形卷，然后将蟹柳放在白菜卷上，放入锅内蒸10分钟，取出，均匀摆放在盘中，放入芹菜叶装饰。

小贴士

蟹柳的蟹味可能是用添加剂调出的，不适合大量食用。

芋儿娃娃菜

20 分钟
软糯可口
排毒养颜

本菜品软糯可口，常食有增进食欲、美容养颜的功效。其中的芋头含有多种微量元素，有增强人体免疫功能的作用。

主料

娃娃菜 300 克
小芋头 300 克
淀粉适量
青甜椒适量
红甜椒适量

配料

盐 3 克

做法

1. 将娃娃菜洗净，切成 6 瓣，装盘。
2. 将小芋头去皮后洗净，摆在娃娃菜周围。
3. 将青甜椒、红甜椒洗净，红甜椒部分切丝，撒在娃娃菜上；将剩余红甜椒连同青甜椒切丁，摆在小芋头上。
4. 将淀粉加水，调入盐，搅匀浇在盘中，入锅蒸 15 分钟即可。

小贴士

娃娃菜钾含量丰富，常熬夜的人群应多食用娃娃菜。

白菜炒双菇

10分钟
爽滑可口
排毒养颜

白菜能清热解毒、护肤养颜；香菇能降低血脂、延缓衰老；胡萝卜能补中益气、健胃消食。搭配食用，效果更佳。

主料

白菜 100 克
香菇 100 克
平菇 100 克
胡萝卜 100 克

配料

盐适量
油适量

做法

1. 将白菜洗净，切段。
2. 将香菇、平菇均洗净，切块，焯烫片刻。
3. 将胡萝卜洗净，去皮切片。
4. 净锅上火，倒油烧热，放入白菜、胡萝卜翻炒。
5. 再放入香菇、平菇，调入盐，炒熟即可。

小贴士

白菜清洗时，撕片放在盐水中浸泡 10 分钟，可有效除去残留农药。

香辣白菜心

6 分钟
鲜辣爽口
解毒生津

本菜品营养丰富，鲜辣爽口，常食具有益胃生津、清热解毒、增进食欲、降脂减肥的功效。

主料

白菜心 350 克
红椒 10 克

配料

盐 1 克
生抽适量
香油适量

做法

1. 将白菜心洗净，切成细条，入水焯熟，捞出沥干水分，装盘。
2. 将红椒洗净，切末。
3. 将所有调味料和红椒调成味汁，淋在白菜心上即可。

小贴士

中老年人和肥胖者可多吃白菜。

糖醋包菜

8 分钟
酸甜爽口
增强免疫力

本菜品酸甜爽口，常食具有防癌抗癌、强筋壮骨、增强免疫力的功效。

主料

包菜 400 克
红甜椒 20 克

配料

盐 3 克
白糖适量
醋适量
老抽适量
蚝油适量
香油适量
油适量

做法

1. 将包菜洗净，用手撕成大片。
2. 将红甜椒洗净，切丝。
3. 炒锅注油，烧热，放入包菜炝炒，加入红甜椒丝、醋、老抽、蚝油、香油、白糖、盐炒至入味。
4. 起锅装盘即可。

小贴士

春季的新鲜包菜一般包得比较松散，应选择水灵且柔软的那种。

辣包菜

8分钟
香辣可口
滋润脏腑

本菜品香辣可口，常食具有滋润脏腑、清热止痛、美容养颜、延缓衰老的功效。

主料

包菜 400 克
红椒 20 克
葱丝 10 克
姜丝 5 克
蒜 6 克

配料

盐适量
香油适量
油适量

做法

1. 将包菜洗净，切丝。
2. 将红椒洗净，切段。
3. 将蒜洗净后切末。
4. 将包菜丝放沸水中焯一下，捞出，再放凉开水中过凉，捞出盛盘。
5. 锅置火上，倒油烧至六成热，放入葱丝、姜丝、红椒段、蒜末炒出香味，再加入包菜同炒，最后加盐、香油调味。

小贴士

购买包菜不宜多，以免存放几天后，其所含的维生素 C 被破坏。

虾米蒸娃娃菜

10分钟
鲜香可口
解毒生津

娃娃菜能养胃生津、清热解毒；虾米能补肾壮阳、理气开胃；蒜能温中健胃、预防癌症。搭配食用，效果更佳。

主料

娃娃菜 300 克
虾米 50 克
蒜 30 克
高汤适量
葱适量

配料

盐 2 克
油适量

做法

1. 将娃娃菜洗净，一剖为二后装盘；将虾米泡发并洗净，捞起放在娃娃菜上；将葱洗净，切葱花；将蒜洗净，剁成蓉。
2. 将油锅烧热，下蒜蓉炒香，放在娃娃菜上，撒上盐，淋上高汤。
3. 将娃娃菜隔水蒸熟，取出后撒上葱花即可。

小贴士

虾米泡出来的水可以倒入锅内用来煮娃娃菜。

香菜拌竹笋

6分钟
脆嫩鲜香
排毒瘦身

竹笋能清热解毒、滋阴凉血；香菜能消食下气、醒脾和中；红甜椒能瘦身美容、防癌抗癌。搭配食用，效果更佳。

主料

竹笋 300 克
香菜 80 克
红甜椒 10 克

配料

盐 2 克
醋适量
香油适量

做法

1. 将竹笋洗净，切条。
2. 将香菜洗净，切段。
3. 将红甜椒洗净，切末。
4. 将竹笋下入沸水锅中焯熟，捞出沥干装盘。
5. 放入香菜段，加入盐、醋、香油、红甜椒末，拌匀即可。

小贴士

笋肉、横隔及笋箨的柔嫩部分均可食用。

冬笋汤

20 分钟
鲜嫩爽滑
化痰解毒

本汤品汁浓味美，鲜嫩爽滑，常食具有滋阴凉血、利尿通便、化痰解毒、防癌抗癌的功效。

主料

鸡蛋豆腐 125 克
冬笋 100 克
香菜 2 克
红甜椒丝适量

配料

盐 2 克

做法

1. 将鸡蛋豆腐切块。
2. 将冬笋洗净后撕成片备用。
3. 净锅上火，倒入水，下入鸡蛋豆腐、冬笋，调入盐煲至熟。
4. 撒入香菜、红甜椒丝即可。

小贴士

鸡蛋豆腐香气诱人，味道甜香，是小吃品类的佼佼者。

皮蛋上海青

8 分钟
鲜香脆嫩
排毒护肝

皮蛋能促进消化、清火去热；上海青能排毒护肝、润肠通便；香菇能降低血压、增强免疫力。搭配食用，效果更佳。

主料

皮蛋 2 个
上海青 200 克
香菇 50 克
草菇 50 克
蒜 5 克
枸杞子 5 克
高汤适量

配料

盐 3 克

做法

1. 将皮蛋去壳，切块；将香菇、草菇分别洗净，切块；将枸杞子洗净；将蒜洗净后剁碎。
2. 锅中倒入高汤，加热；上海青洗净，倒入高汤中烫熟后摆放入盘。
3. 继续往汤中倒入皮蛋、香菇、草菇、枸杞子，煮熟后加盐和蒜调味，出锅倒在上海青中间即可。

小贴士

皮蛋具有自身一些独特的营养作用，但不适宜多吃。

莴笋拌西红柿

10分钟
酸甜美味
排毒养颜

莴笋能宽肠通便、强壮机体；西红柿能健胃消食、祛斑美白；甜椒能增进食欲。搭配食用，效果更佳。

主料

莴笋 300 克
西红柿 150 克
红甜椒 30 克

配料

白糖适量
醋适量
盐适量
油适量

做法

1. 将莴笋去皮后洗净，和洗净的西红柿一起切小块。
2. 将白糖、醋烧热溶化后浇在西红柿、莴笋块上。
3. 将红甜椒洗净，切成末，入油锅炸成紫红色。
4. 将红甜椒末浇在西红柿莴笋上，加入盐拌匀即可。

小贴士

吃莴笋时，适宜洗净后生拌吃，可使营养成分流失较少。

鲜奶生鱼汤

42 分钟
鲜香滑嫩
养肝补血

本菜品汤浓味浓，鲜香滑嫩，常食具有益胃生津、清热解毒、养肝补血、滋阴润燥的功效。

主料

生鱼肉 200 克
白菜叶 120 克
鲜奶适量
香菜段适量
枸杞子适量

配料

盐 3 克

做法

1. 将生鱼肉洗净，切薄片。
2. 将白菜叶、香菜段、枸杞子洗净备用。
3. 锅上火，倒入鲜奶，下入鱼片、枸杞子、白菜叶煲至熟，调入盐。
4. 撒上香菜段即可。

小贴士

鲜奶一定要注意新鲜时饮用。

白菜煲鱼丸

50分钟
汤浓味美
排毒养颜

白菜能益胃生津、清热解毒；鱼丸能益气健脾、温中补虚；鱼膏能降低血脂、清理血栓。搭配食用，效果更佳。

主料

白菜300克
鱼丸250克
鱼膏400克
姜20克
葱15克
高汤适量

配料

盐适量

做法

1. 将白菜洗净，切大块；将鱼膏切片；将姜去皮后切片；将葱择洗净，切葱花。
2. 将白菜均匀地摆在砂锅底部，再摆上鱼膏片、鱼丸。
3. 倒入高汤，放入姜片，上火煮开，调入盐煮入味，撒上葱花即可。

小贴士

鱼丸其色如瓷，富有弹性，脆而不腻，为宴席常见菜品。

蜂蜜西红柿

10分钟
酸甜可口
润肠排毒

本菜品清凉宜人，酸甜可口，常食具有健胃消食、润肠排毒、祛斑美白、增强免疫力的功效。

主料

西红柿1个
香菜适量

配料

蜂蜜适量

做法

1. 将西红柿洗净，用刀在表面轻划，分切成几等份，但不切断。
2. 将香菜洗净备用。
3. 将西红柿入沸水锅中稍烫后捞出。
4. 将沸水中加入蜂蜜煮开。
5. 将煮好的蜜汁淋在西红柿上，撒上香菜即可。

小贴士

蜂蜜尤其适宜老年人、体弱者、产妇便秘时食用。

黄瓜西红柿沙拉

10分钟
酸甜美味
排毒养颜

黄瓜能降低血糖、清热解毒；西红柿能健胃消食、祛斑美白；鸡蛋能补肺养血、滋阴润燥。搭配食用，效果更佳。

主料

黄瓜100克
西红柿100克
酱牛肉50克
鸡蛋2个
柠檬汁适量
生菜适量

配料

沙拉酱适量

做法

1. 将生菜洗净，放在盘底。
2. 将黄瓜、西红柿洗净，切成瓣状。
3. 将鸡蛋煮熟，剥壳后对切。
4. 将酱牛肉切成片。
5. 将黄瓜、西红柿、酱牛肉、鸡蛋摆盘。
6. 淋上沙拉酱，滴入几滴柠檬汁即可。

小贴士

西红柿汁不但有助于消除皱纹和雀斑，还能让肌肤更加润泽。

西红柿盅

10 分钟
鲜香爽脆
润肠排毒

西蓝花能防癌抗癌、增强免疫力；玉米笋能润肠通便、健脑强身；西红柿能清热解毒、美白养颜。搭配食用，效果更佳。

主料

西红柿 1 个
西蓝花 100 克
玉米笋 100 克

配料

盐适量
香油适量

做法

1. 将西红柿洗净，在蒂部切开，挖去肉，西红柿盅留用，西红柿肉切丁；将西蓝花掰成小朵，洗净后入沸水焯熟；将玉米笋洗净，切条，入沸水中焯熟，捞出备用。
2. 将西红柿、西蓝花、玉米笋装入盘中加盐拌匀，加入少许香油，再倒入西红柿盅中即可。

小贴士

西蓝花焯水后，应放入凉开水内过凉，捞出后沥水。

西红柿豆腐汤

20 分钟
酸甜美味
排毒养颜

本汤品汤浓味美，酸甜可口，常食具有健胃消食、益气补虚、清热解毒、延缓衰老的功效。

主料

西红柿 250 克
豆腐 200 克
水淀粉 15 毫升
葱花 25 克

配料

盐适量
油适量
香油适量

做法

1. 将西红柿入沸水烫后，剖开后去籽，切成小块。
2. 将豆腐切成小方块备用。
3. 将炒锅置于火上，下油烧至六成热，倒入豆腐块，加入西红柿块、盐、水淀粉、葱花，翻炒至熟，加水煮开，加香油拌匀，起锅即成。

小贴士

常吃西红柿的人群不易出现黑眼圈，且不易被晒伤。

凉拌竹笋尖

12 分钟
酸香味美
防癌抗癌

本菜品清凉爽口，酸香味美，常食具有滋阴凉血、和中润肠、防癌抗癌的功效。

主料

竹笋尖 350 克
红甜椒 20 克
青甜椒 15 克

配料

盐 1 克
醋适量

做法

1. 将竹笋尖去皮，洗净，切片，入开水锅中焯水后，捞出，沥干水分装盘。
2. 将青甜椒、红甜椒洗净，切细丝。
3. 将青甜椒、红椒丝和醋、盐加入笋片中，拌匀即可。

小贴士

肥胖和习惯性便秘的人尤其适合食用竹笋。

红油竹笋

10 分钟
香辣爽口
解毒透疹

本菜品香辣爽口，清新脆嫩，常食具有滋阴凉血、清热化痰、利尿通便、解毒透疹的功效。

主料

竹笋 300 克

配料

盐适量
味精 3 克
红油适量

做法

1. 将竹笋洗净，切成滚刀斜块。
2. 将切好的笋块入沸水中稍焯，捞出，盛入盘内。
3. 入红油，加盐、味精一起拌匀即可。

小贴士

竹笋无论是凉拌、煎炒还是熬汤，均鲜嫩清香，深受人们的喜爱。

鱼香笋丝

12 分钟
酸辣鲜香
利尿通便

本菜品酸辣鲜香，美味可口，常食具有清热化痰、利尿通便、健脾益胃、保护肝脏的功效。

主料

冬笋 400 克
蒜苗 50 克
蒜泥适量
红甜椒适量

配料

料酒适量
酱油适量
油适量
白糖适量

做法

1. 将冬笋洗净，切成丝；将蒜苗洗净后切成与笋丝同样长短的段；将红甜椒洗净，切丝。
2. 锅中注油，烧热，投入笋丝炒熟，然后将蒜苗滑入，迅速捞出。
3. 锅中留油，放入蒜泥和红甜椒丝，煸出香味，倒入料酒、白糖、酱油、蒜苗和笋丝翻炒数下即成。

小贴士

要把蒜苗洗干净，最好用自来水不断冲洗。

冬瓜双豆

15分钟
脆嫩可口
补肝养胃

冬瓜能清热解毒、利水消痰；豌豆能补肝养胃、乌发明目；胡萝卜能健胃消食、增强免疫力。搭配食用，效果更佳。

主料

冬瓜 200 克
黄豆 50 克
豌豆 50 克
胡萝卜 30 克

配料

盐适量
酱油适量
油适量

做法

1. 将冬瓜去皮，洗净，切粒。
2. 将胡萝卜洗净后切粒。
3. 将所有原材料入水中稍焯烫，捞出沥水。
4. 起锅上油，加入冬瓜、豌豆、黄豆、胡萝卜，炒熟后加盐、酱油，炒匀即可起锅。

小贴士

食用冬瓜以老熟（被霜）者为佳。

草菇芥蓝

10 分钟
鲜嫩爽滑
增强免疫力

本菜品鲜嫩爽滑，常食具有解毒明目、润肠通便、滋阴壮阳、增强免疫力的功效。

主料

草菇 200 克
芥蓝 250 克

配料

盐适量
酱油适量
蚝油适量
油适量

做法

1. 将草菇洗净，对半切开。
2. 将芥蓝削去老、硬的外皮，洗净。
3. 锅中烧水，放入草菇、芥蓝焯烫，捞起。
4. 另起锅，倒油烧热，放入草菇、芥蓝，调入盐、酱油、蚝油，炒匀即可。

小贴士

草菇无论鲜品还是干品都不宜浸泡时间过长。

土豆烩芥蓝

10 分钟
软嫩鲜香
解毒明目

本菜品软嫩鲜香，常食具有健脾和胃、益气调中、解毒明目、利水化痰的功效。其中的芥蓝含有大量膳食纤维，能预防便秘。

主料

土豆 400 克
芥蓝 300 克
姜片适量

配料

盐 2 克
油适量

做法

1. 将土豆削皮，洗净后切小块，入热油锅稍炒片刻。
2. 将芥蓝摘去老叶，洗净后切段。
3. 炒锅上火，烧热油，下入土豆块、芥蓝、姜片炒熟，加盐调味即成。

小贴士

芥蓝的花薹和嫩叶品质脆嫩，爽而不硬，脆而不韧，以炒食最佳。

虾球炒冬瓜

15分钟
鲜香脆嫩
通乳抗毒

冬瓜能清热解毒、美容瘦身；虾球能益气滋阴、通乳抗毒；甜椒能防癌抗癌。搭配食用，效果更佳。

主料

冬瓜200克
虾球100克
青甜椒适量
红甜椒适量

配料

盐2克
白醋适量
油适量

做法

1. 将冬瓜去皮洗净，切薄片；将虾球洗净，入沸水中汆至断生，捞出沥干；将青甜椒、红甜椒分别洗净，切长条。
2. 锅中注油，烧热，下入冬瓜和青甜椒、红甜椒，调入盐，炒至断生。
3. 将虾球倒入锅中，调入白醋，炒至入味，起锅装盘即可。

小贴士

冬瓜热吃味道较好，冷吃会使人消瘦。

牛肝菌扒菜心

10 分钟
鲜嫩爽滑
增强免疫力

本菜品鲜嫩爽滑，味美汤浓，常食具有利尿通便、清热解毒、强身健体、增强免疫力的功效。

主料

牛肝菌 400 克
菜心 200 克
高汤 200 毫升
淀粉 20 克
香菜适量

配料

盐 3 克
油适量
香油适量

做法

1. 将牛肝菌洗净，切片。
2. 将菜心、香菜洗净备用。
3. 锅上火，油热，放入菜心炒熟，整齐码在盘中待用；将牛肝菌炒香，下入盐、高汤烧 3 分钟，用淀粉勾芡出锅，淋上香油。
4. 将烧好的牛肝菌排在菜心上，饰以香菜即可。

小贴士

牛肝菌菌体较大，肉肥厚，柄粗壮，营养丰富，是一种著名的食用菌。

白果芥蓝虾球

8 分钟
鲜香脆嫩
解毒明目

虾仁能健胃消食、补肾强身；芥蓝能解毒明目、软化血管；白果能祛痰止咳、滋润肌肤。搭配食用，效果更佳。

主料

鲜虾仁 200 克
芥蓝 100 克
白果 50 克
芹菜叶适量

配料

盐 2 克
香油适量

做法

1. 将鲜虾仁洗净备用。
2. 将芥蓝取梗并洗净，在两端切花刀。
3. 将白果、芹菜叶洗净。
4. 锅入适量水，烧开，分别将鲜虾仁、芥蓝、白果焯熟，捞出沥干水分，放入容器中，用盐、香油搅拌均匀，装盘，饰以芹菜叶即可。

小贴士

白果及银杏叶可用于制作健康枕头，能提高睡眠质量。

西芹炒白果

15 分钟
清醇爽口
滋阴润肺

西芹能降低血压、镇静安神；白果能润泽肌肤、健脑益智；百合能养阴润肺、清心安神。搭配食用，效果更佳。

主料

西芹 400 克
白果 50 克
百合 300 克
姜片 5 克
伊面 200 克
淀粉 10 克

配料

盐适量
油适量

做法

1. 将西芹洗净切好。
2. 将百合水发后洗净。
3. 水发伊面用开水煮熟，蘸上淀粉，油炸成雀巢状备用。
4. 炒锅注油，烧热，下入姜片爆香，再倒入西芹、百合、白果同炒，再加入盐调味。
5. 将炒好的西芹、百合装入雀巢，将白果放在上面即可。

小贴士

百合水发时不宜泡水时间过长，以免营养流失。

10分钟
爽滑可口
防癌抗癌

四宝西蓝花

西蓝花能防癌抗癌、增强免疫力；虾仁能健胃消食、补肾强身；滑子菇能抑制肿瘤、补脑益智。搭配食用，效果更佳。

主料

鸣门卷50克
西蓝花50克
虾仁50克
滑子菇50克
蟹柳50克

配料

盐适量
醋适量
香油适量

做法

1. 将鸣门卷洗净，切片；将西蓝花洗净，掰成朵；将虾仁洗净；将滑子菇洗净；将蟹柳斜切成段。
2. 将上述材料分别焯水后捞出同拌，调入盐、醋拌匀。
3. 淋入香油即可。

小贴士

常食用滑子菇有助于人体保持充沛的精力。

西蓝花沙拉

6 分钟
清新爽口
清热解毒

洋葱能缓解疲劳、提神醒脑；西蓝花能防癌抗癌、增强免疫力；西红柿能清热解毒、凉血平肝。搭配食用，效果更佳。

主料

西蓝花 100 克
洋葱 50 克
西红柿 80 克
圣女果 15 克

配料

沙拉酱适量

做法

1. 将西蓝花洗净，切成朵；将洋葱洗净，切碎；将西红柿洗净，一部分切碎粒，一部分切片；将圣女果洗净备用。
2. 将西蓝花放入沸水锅中，焯熟后捞出。
3. 将西蓝花、洋葱粒、西红柿粒、圣女果一起装入盘中。
4. 挤上沙拉酱一起拌匀，用西红柿片围边即可。

小贴士

将鲜熟西红柿捣烂后取汁，加少许白糖，每天用其涂面，能使皮肤细腻光滑。

土豆黄瓜沙拉

16 分钟
酸甜可口
润肠排毒

本菜品清爽宜人，酸甜可口，常食具有润肠排毒、降低血压、健脑安神、增强免疫力的功效。

主料

土豆 100 克
黄瓜 100 克
圣女果 80 克
洋葱 80 克

配料

沙拉酱适量

做法

1. 将土豆去皮后洗净，切丁；将黄瓜洗净，切丁。
2. 将圣女果洗净备用；将洋葱洗净，切成小块。
3. 将土豆放入沸水锅中，焯水后捞出。
4. 将土豆、黄瓜、洋葱、圣女果摆盘。
5. 淋上沙拉酱，一起拌匀即可。

小贴士

圣女果尤其适合老人以及高血压、肾脏病患者食用。

玉米包菜沙拉

10分钟
清脆爽口
清热解毒

包菜能滋润脏腑、强筋壮骨；玉米能降低血糖、延缓衰老；圣女果能清热解毒、补血养血。搭配食用，效果更佳。

主料

包菜 80 克
玉米粒 100 克
圣女果 60 克

配料

沙拉酱适量

做法

1. 将包菜洗净，切块。
2. 将圣女果洗净，对切。
3. 将包菜放入沸水锅中稍烫后捞出。
4. 将玉米粒洗净，焯水。
5. 将包菜和玉米粒、圣女果一起装入碗中。
6. 淋上沙拉酱一起拌匀即可。

小贴士

为防止包菜干燥变质，可用保鲜膜包好入冰箱冷藏保存。

25分钟
味美汤浓
滋阴润燥

苦瓜肉汤

本汤品味美汤浓，常食具有明目解毒、美容养颜、补虚强身、滋阴润燥的功效。

主料

苦瓜150克
猪肉30克
菜心10克
葱末3克
姜末3克
枸杞子适量

配料

盐3克
豆豉8克
油适量

做法

1. 将苦瓜去籽，洗净后切片。
2. 将猪肉洗净，切片。
3. 将菜心洗净备用。
4. 净锅上火，倒入油，将葱、姜、豆豉炝香，下入肉片煸炒，倒入水，下入苦瓜、菜心，调入盐煲至熟，撒入枸杞子即可。

小贴士

苦瓜性寒，有清心解暑的功效，特别适合夏季食用。

冬瓜瑶柱汤

35 分钟
鲜嫩爽滑
清热解毒

本汤品鲜嫩爽滑，味美鲜香，常食具有清热解毒、瘦身美容、开胃化痰、益气滋阴的功效。

主料

冬瓜 200 克
瑶柱 20 克
虾 30 克
草菇 10 克
姜 10 克
高汤适量

配料

盐 3 克
油适量

做法

1. 将冬瓜洗净，去皮后切成片；将瑶柱泡发；草菇洗净，对切；将虾处理干净；将姜洗净，去皮后切片。
2. 锅上火，油热后爆香姜片，下入高汤、冬瓜、瑶柱、虾、草菇煮熟，加入盐即可。

小贴士

冬瓜性寒凉，久病与阳虚肢冷者应忌食。

双菇扒菜心

10分钟
鲜香爽滑
润肠排毒

本菜品鲜香爽滑，常食具有健胃消食、降低血糖、润肠排毒、增强免疫力的功效。

主料

菜心 300 克
香菇 50 克
草菇 50 克
胡萝卜 30 克
姜末适量
蒜末适量
水淀粉适量

配料

盐适量
料酒适量
油适量

做法

1. 将菜心洗净烫熟，沥水后装盘。
2. 将香菇、草菇泡发后洗净，均焯水备用。
3. 将胡萝卜洗净，切菱形片。
4. 锅中油烧热，放入姜、蒜炒香，加入香菇、草菇、胡萝卜片，调入调味料炒匀，用水淀粉勾芡，盛出来后摆在菜心上即可。

小贴士

菜心应全部切成长短一样。

清炒白灵菇

15分钟
酸甜爽口
排毒养颜

本菜品造型美观，酸甜爽口，常食具有健脾和胃、养颜驻容、健脑益智、增强免疫力的功效。

主料

白灵菇 150 克
红樱桃 50 克
豌豆适量
胡萝卜丝适量
青笋丝适量

配料

盐适量
白醋适量
油适量

做法

1. 将白灵菇洗净，切条。
2. 将红樱桃洗净，对切。
3. 将豌豆洗净，入沸水焯熟。
4. 将油烧热，入白灵菇炒至七成熟，加胡萝卜丝、青笋丝翻炒至熟，加盐、白醋调味，出锅盛盘；红樱桃、豌豆沿盘边摆放点缀。

小贴士

若食用过多樱桃可能会引起铁中毒。

海带煲猪蹄

45分钟
香而不腻
补虚强身

猪蹄能补虚养身、填肾补精；海带能润肠排便、瘦身美容；红枣能养血安神、健脾养胃。搭配食用，效果更佳。

主料

鲜猪蹄300克
海带100克
红枣15克
葱20克

配料

盐3克
白糖2克
料酒适量

做法

1. 将鲜猪蹄去毛，洗净后斩件；将海带洗净；将葱择洗净，切葱花；将红枣泡发。
2. 烧锅加水，待水开后放入猪蹄，汆去血水。
3. 将瓦煲置于火上，放入猪蹄、红枣、海带、料酒，注入清水，用小火煲30分钟至汤白，加入盐、白糖调味，再煲5分钟，撒上葱花即可。

小贴士

优质海带质厚实，形状宽长，浓黑褐色或深绿色，边缘无碎裂或黄化现象。

牛奶银耳水果汤

12分钟
酸甜可口
清肠排毒

本汤品酸甜可口，常食具有补脾开胃、清肠排毒、改善睡眠、补脑益智的功效。

主料

银耳100克
猕猴桃150克
圣女果5粒
鲜牛奶适量

配料

蜂蜜适量

做法

1. 将银耳用清水泡软，去蒂，切成细丁，加入牛奶中，以中小火边煮边搅拌，煮至熟软，熄火，待凉后装碗。
2. 将圣女果洗净，对切成两半。
3. 将猕猴桃削皮后切丁，和圣女果一起加入碗中，拌上蜂蜜即可。

小贴士

鲜猕猴桃在常温下放一个月都不会坏。

煲猪肚

45分钟
鲜香脆嫩
健脾益胃

本菜品具有增进食欲、健脾益胃、补虚强身的功效。其中的猪肚含有蛋白质、脂肪、碳水化合物等，适合气血虚损、身体瘦弱者食用。

主料

猪肚300克
姜10克
葱15克

配料

胡椒10克
盐3克
料酒适量

做法

1. 将猪肚洗净后切片；将葱择洗净，切段；将姜洗净，去皮后切片。
2. 锅中注水，烧开，放入猪肚片煮至八成熟，捞出沥水。
3. 煲中注入适量水，放入猪肚、胡椒、姜片煲至猪肚熟烂，加入盐、料酒，撒上葱段即可。

小贴士

新鲜的猪肚富有弹性和光泽，白色中略带浅黄色，质地坚而厚实。

白菜粉丝五花肉

20 分钟
汤浓味美
清热解毒

本菜品鲜香爽滑，汤浓味美，常食具有益胃生津、清热解毒、补肾养血、滋阴润燥的功效。

主料

白菜 100 克
五花肉 100 克
粉丝 50 克
葱花 8 克

配料

盐适量
酱油适量
油适量

做法

1. 将白菜洗净，切大块；将粉丝用温水泡软；将五花肉洗净，切片，用盐腌 10 分钟。
2. 将油锅烧热，爆香葱花，下猪肉炒变色，下白菜炒匀。
3. 加入粉丝和适量开水，加酱油、盐拌匀，大火烧开，再焖至汤汁浓稠即可。

小贴士

切白菜时，宜顺丝切，这样白菜易熟。

冬笋鸡丁

12 分钟
咸鲜爽口
明目解毒

本菜品脆嫩清香，咸鲜爽口，常食具有温中补脾、益气养血、明目解毒、防癌抗癌的功效。

主料

鸡脯肉 300 克
冬笋 80 克
葱末适量
姜末适量
青甜椒块 25 克
红甜椒块 30 克

配料

料酒适量
盐适量
油适量
香油适量

做法

1. 将鸡脯肉和冬笋洗净，均切成丁，入沸水中汆烫，捞出控水待用。
2. 锅上火，加油烧热，下入葱、姜末爆锅，加入鸡丁、笋丁和青甜椒块、红甜椒块煸炒。
3. 再烹入料酒，加盐炒熟，淋上香油即成。

小贴士

尿结石、肾炎患者不宜多食冬笋。

飘香手撕鸡

25 分钟
鲜香脆嫩
增强免疫力

鸡肉能益气养血、增强体力；黄瓜能降低血糖、增强免疫力；甜椒能增进食欲、防癌抗癌。搭配食用，效果更佳。

主料

鸡 450 克
黄瓜 80 克
红甜椒适量
香菜适量

配料

料酒适量
盐适量
生抽适量
油适量

做法

1. 将鸡处理干净，汆熟后捞出，撕成细条备用；将黄瓜洗净，切片；将红甜椒洗净后切丝。
2. 将油锅烧热，下入红甜椒爆香，倒入鸡肉翻炒片刻。
3. 加入料酒、生抽和盐，收汁，用黄瓜片做盘饰，撒上香菜即可。

小贴士

鸡肉撕成的条大小应一致。

芹蜇炒鸡丝

12 分钟
鲜嫩爽滑
润肠排毒

本菜品爽滑鲜香，肉质鲜嫩，常食具有平肝清热、润肠排毒、强筋壮骨、增强体力的功效。

主料

鸡脯肉 300 克
海蜇皮 150 克
西芹 100 克
姜 10 克
淀粉适量
红甜椒适量

配料

盐 3 克
酱油适量
油适量
料酒适量

做法

1. 将西芹洗净，切段；红甜椒洗净切丝。
2. 将海蜇皮洗净，切丝。
3. 将姜洗净后切末。
4. 将鸡脯肉洗净，切丝，加酱油、料酒、淀粉拌匀。
5. 将鸡丝下油锅，炒至八分熟，加入海蜇皮、西芹及姜、红甜椒丝炒匀，再加盐、酱油炒匀即可。

小贴士

优质的海蜇皮呈白色、乳白色或淡黄色，表面湿润而有光泽。

小黄瓜炒鸡

10分钟
爽滑可口
益气养血

本菜品鲜香脆嫩，爽滑可口，常食具有益气养血、降低血糖、防癌抗癌、增强免疫力的功效。

主料

鸡脯肉 200 克
小黄瓜 200 克
红甜椒 10 克
葱适量
姜适量
淀粉适量

配料

盐适量
料酒适量
油适量

做法

1. 将鸡脯肉洗净，切片，用盐、淀粉、料酒腌拌。
2. 将小黄瓜洗净，切条。
3. 将葱、红甜椒洗净后切段。
4. 将姜洗净，去皮后切片。
5. 将油锅烧热，爆香葱、姜，放入鸡片炒至变白，加入小黄瓜及红甜椒拌炒，调味即可。

小贴士

黄瓜也可以切成片，但不能太薄。

双菇滑鸡柳

10分钟
鲜香爽滑
增强免疫力

滑子菇能抑制肿瘤、健脑益智；草菇能补脾益气、护肝健胃；上海青能降低血脂、增强免疫力。搭配食用，效果更佳。

主料

滑子菇300克
草菇300克
上海青300克
鸡脯肉300克
青甜椒块15克
红甜椒块15克
水淀粉6毫升

配料

盐适量
酱油适量
油适量

做法

1. 将鸡脯肉洗净，切条。
2. 将滑子菇、草菇去蒂后洗净。
3. 将上海青洗净，对半切开，焯水捞出装盘。
4. 将水淀粉、酱油、盐兑成味汁。
5. 锅中倒入油，烧热，放入鸡柳滑散取出；锅留底油，放滑子菇、草菇，鸡柳回锅，加入青甜椒块、红甜椒块炒熟，烹入味汁炒匀装盘即可。

小贴士

草菇是糖尿病患者的良好食品。

玉米煲土鸡

70 分钟
汤浓味美
延缓衰老

本菜品汤浓味美，肉质鲜香，常食具有降低血糖、益气养血、补肾益精、延缓衰老的功效。

主料

玉米 150 克
土鸡 250 克
姜 20 克

配料

盐适量
料酒适量

做法

1. 将鸡处理干净后斩件。
2. 将玉米洗净，切段。
3. 将姜洗净，切片。
4. 锅中注水，烧开，放入土鸡件焯烫，捞出沥干水分。
5. 煲中注水，放入土鸡、玉米、姜片，大火煲开，转用小火煲 1 小时，加入调味料煲至入味即可。

小贴士

土鸡的头很小，体型紧凑，胸腿肌健壮，鸡爪较细。

冬瓜鸭肉煲

25 分钟
鲜嫩爽滑
清热解毒

本菜品鲜嫩爽滑，汤浓味美，常食具有滋阴养肝、健脾利湿、清热解毒、滋养五脏的功效。

主料

烤鸭肉 300 克
冬瓜 200 克
枸杞子适量

配料

盐适量

做法

1. 将烤鸭肉斩成块。
2. 将冬瓜去皮和籽，洗净后切块备用。
3. 将枸杞子洗净备用。
4. 净锅上火，倒入水，下入烤鸭肉、冬瓜和枸杞子，调入盐，煲至熟即可。

小贴士

冬瓜如带皮煮汤喝，可达到消肿利尿、清热解暑的作用。

苦瓜菠萝炖鸡腿

40分钟
香甜美味
解毒明目

菠萝能补脾益胃、养颜瘦身；苦瓜能明目解毒、防癌抗癌；鸡腿肉能益气补血、增强体力。搭配食用，效果更佳。

主料

菠萝 150 克
苦瓜 100 克
鸡腿肉 75 克
红甜椒适量

配料

盐适量

做法

1. 将菠萝去皮，洗净后切块。
2. 将苦瓜去籽，洗净后切块。
3. 将鸡腿肉洗净，斩块后汆水备用。
4. 将红甜椒洗净，切粒。
5. 净锅上火，倒入水，下入菠萝、苦瓜、鸡块煲至熟，调入盐，放入红甜椒粒即可。

小贴士

将菠萝泡在盐水里，可去掉酸涩味，使菠萝吃起来更甜。

15分钟
香滑细腻
解毒补血

家常鸭血

本菜品香滑细腻，口感极佳，常食具有健脾养胃、清肺生津、补血解毒、增强免疫力的功效。

主料

鸭血 300 克
甜豆 10 克
黑木耳 10 克
红甜椒 10 克
笋 10 克
水淀粉适量

配料

豆瓣酱适量
糖适量
油适量
香油适量

做法

1. 将鸭血洗净，切丁后焯水，冲净。
2. 将甜豆、黑木耳均洗净。
3. 将红甜椒、笋均洗净，切块。
4. 锅置火上，加入油，下豆瓣酱、糖、红甜椒煸香。
5. 放入鸭血、甜豆、黑木耳、笋烧入味，用水淀粉勾芡，淋入香油，装盘即可。

小贴士

选购鸭血的时候首先看颜色，真鸭血呈暗红色，而假鸭血则一般呈咖啡色。

甘蔗鸡骨汤

100 分钟
鲜甜可口
清热解毒

本汤品鲜甜可口，常食具有清热解毒、滋阴润燥、解毒明目、防癌抗癌的功效。其中的苦瓜还有抗病毒、提高机体免疫力等作用。

主料

甘蔗 200 克
苦瓜 200 克
鸡胸骨 100 克

配料

盐适量

做法

1. 将鸡胸骨放入滚水中汆烫，捞起冲净，再置入干净的锅中，加入适量清水及洗净后切小段的甘蔗，先以大火煮沸，再转小火续煮 1 小时。
2. 将苦瓜洗净对半切开，去除籽和白色薄膜，再切块，放入锅中续煮 30 分钟。
3. 加入盐拌匀即可食用。

小贴士

脾胃虚寒、胃腹寒疼者不宜食用甘蔗。

第七章

美颜排毒这样吃

皮肤是反映人体健康状态的一面镜子。毒素在人体内的沉积是导致皮肤问题的根本原因。只有把身体的毒素排出体外，才能使皮肤恢复健康。护肤排毒就是通过清除毒素，来达到保养皮肤的效果。

什锦沙拉

7 分钟
清醇爽口
排毒瘦身

包菜能护肤美容、延缓衰老；黄瓜能清热解毒、瘦身美容；圣女果能健胃消食、补血养血。搭配食用，效果更佳。

主料

包菜 30 克
紫甘蓝 30 克
小黄瓜 100 克
圣女果适量
苜蓿芽适量
玉米粒适量

配料

沙拉酱 15 克

做法

1. 将包菜、紫甘蓝分别剥下叶片，洗净，切丝。
2. 将小黄瓜洗净，切成薄片。
3. 将圣女果洗净，对半切开。
4. 将苜蓿芽洗净，沥干水分备用。
5. 将玉米粒洗净，放入盘中，加入包菜、紫甘蓝、小黄瓜、苜蓿芽、圣女果，淋入沙拉酱即可。

小贴士

在炒或煮紫甘蓝时，可加少许白醋，能保持其艳丽的紫红色。

凉拌萝卜

6 分钟
酸脆可口
瘦身美颜

本菜品酸脆可口，清爽宜人，常食具有增进食欲、瘦身美颜、降低血脂、增强免疫力的功效。

主料

心里美萝卜 300 克
香菜适量
黄瓜适量

配料

盐 1 克
醋适量

做法

1. 将心里美萝卜洗净，切片。
2. 将香菜洗净。
3. 将黄瓜洗净，切片。
4. 将萝卜加入盐、醋拌匀，装盘，放入香菜，饰以黄瓜片即可。

小贴士

添加适量醋，不仅可起到消毒作用，而且可使菜肴的色泽更鲜艳。

酸辣黄瓜

10分钟
酸辣爽口
美白养颜

黄瓜能降低血糖、增强免疫力；生菜能抵抗病毒、美白养颜；甜椒能瘦身美容、防癌抗癌。搭配食用，效果更佳。

主料

黄瓜 300 克
青甜椒 20 克
生菜 50 克
红甜椒 20 克
蒜 10 克
葱白丝适量

配料

盐 3 克
香油适量
醋适量

做法

1. 将黄瓜洗净，切片；将生菜洗净备用；将青甜椒去蒂后洗净，切丝；将红甜椒去蒂后洗净，一半切丝，一半切丁；将蒜去皮，洗净后切碎。
2. 锅内入水，烧开，将生菜焯水后铺在盘中。
3. 将黄瓜与蒜末、红甜椒丁、盐、香油、醋拌匀，放在生菜叶上。
4. 用青甜椒丝、红甜椒丝、葱白丝点缀即可。

小贴士

正处于服药期间的患者禁食蒜。

苦瓜酿白玉

17 分钟
清香爽滑
清热排毒

本菜品造型美观，清香爽滑，常食具有清热解毒、益气滋阴、开胃化痰、防癌抗癌的功效。

主料

苦瓜 300 克
虾仁 100 克
鱼子 10 克

配料

盐 2 克
香油适量

做法

1. 苦瓜不要剖开，洗净后切段，去瓤，浸泡在盐水中。
2. 将虾仁洗净，用盐腌渍。
3. 将虾仁填充在苦瓜中，鱼子铺在虾仁上，装盘。
4. 将盘放入蒸屉，蒸 10 分钟后取出，淋入香油即可。

小贴士

应选购果瘤大、果行直立且外表洁白漂亮的苦瓜。

白果烩三珍

竹荪能滋阴养血、润肺止咳；白果能美白除皱、祛痰止咳；上海青能润肠排毒。搭配食用，效果更佳。

主料

牛肝菌 100 克
竹荪 200 克
白果 50 克
上海青 300 克
胡萝卜 5 克
淀粉 5 克
高汤适量

配料

盐 2 克
油适量

做法

1. 将牛肝菌、竹荪分别泡发，洗净后切片；将白果洗净；将上海青洗净，烫熟后摆盘；将胡萝卜洗净，去皮切片。
2. 将油烧热，注入少许高汤，下入牛肝菌、竹荪、白果、胡萝卜煮至熟。
3. 下盐调味，用淀粉勾芡，出锅倒在上海青中间即可。

小贴士

竹荪以挑选短裙且菌柄厚实粗壮者为宜。

酸辣青木瓜丝

17分钟
清香爽滑
清热排毒

本菜品酸辣可口，蒜香味美，常食具有补中益气、健胃消食、清心润肺、美容养颜的功效。

主料

青木瓜 100 克
胡萝卜 50 克
青甜椒 20 克
红甜椒 20 克
西红柿适量
黄瓜适量
蒜适量

配料

白醋适量
盐适量
醋适量
香油适量

做法

1. 将青木瓜、胡萝卜、青甜椒洗净后，都切成丝。
2. 将蒜去皮，剁成末；将红甜椒洗净，切末。
3. 将西红柿洗净，切块；将黄瓜洗净，切片。
4. 将锅中的清水烧沸，把青木瓜丝、胡萝卜丝焯烫一下捞出，沥干水分后装入盘中，再撒上青甜椒丝。
5. 盘中调入红甜椒末、盐、蒜末、香油、白醋、乌醋，拌匀，周围摆上西红柿块、黄瓜片做装饰即可。

小贴士

新鲜的青木瓜一般带有点苦涩味，果浆味也比较浓。

桂花甜藕

70 分钟
软糯清润
排毒养颜

本菜品嫩甜爽口，软糯清润，常食具有健脾益胃、补虚养血、补心益肾、排毒养颜的功效。

主料

嫩莲藕 100 克
糯米 50 克
香菜适量
枸杞子适量

配料

桂皮 10 克
八角 10 克
蜂蜜 8 毫升
冰糖 10 克

做法

1. 将糯米、桂皮、八角洗净；将莲藕去皮，洗净，灌入糯米；将香菜、枸杞子洗净备用。
2. 将高压锅内放入灌好的莲藕、桂皮、八角、蜂蜜、枸杞子、冰糖。
3. 加水煲 1 小时，晾凉，切片后装盘，放上枸杞子，饰以香菜即可。

小贴士

做好的糯米藕在冰箱里冷藏降温，食用也别有风味。

香柠藕片

16 分钟
酸甜爽脆
护肤养颜

莲藕能排毒养颜、滋阴养血；柠檬能清热化痰、护肤美颜；苦苣能消炎解毒、增强免疫力。搭配食用，效果更佳。

主料

莲藕 250 克
柠檬 200 克
葱 5 克
红甜椒粒 5 克
苦苣适量

配料

白糖适量
蜂蜜适量

做法

1. 将莲藕去皮，切片，入沸水中焯水后，捞出沥干备用；将柠檬切两片备用，余下柠檬洗净，榨成柠檬汁；将葱洗净，切葱花；将苦苣洗净，撕开后装盘底。
2. 将柠檬汁、白糖、蜂蜜加适量凉开水搅拌均匀，放入莲藕，浸泡至入味后取出装盘。
3. 撒上葱花、红甜椒粒，放上柠檬片即可。

小贴士

柠檬可以干化或糖渍食用，也可以为酱和甜点调味。

糯米红枣

15分钟
软糯香甜
补血养颜

本菜品圆润光滑、软糯香甜，常食具有健脾养胃、补血养颜、增强免疫力的功效。

主料

红枣200克
糯米粉100克
香菜适量

配料

白糖30克
蜂蜜适量

做法

1. 将红枣泡好，去核切开。
2. 将香菜洗净备用。
3. 将糯米粉用水搓成团，放入红枣中，装盘。
4. 用白糖泡水，倒入红枣中，放入蒸笼蒸5分钟。
5. 取出晾凉，加蜂蜜拌匀，放上香菜即可。

小贴士

做本道菜时，应选用个头大、果肉多的红枣。

腰豆百合

10 分钟
清醇爽口
补血养颜

红腰豆能养血美容、增强免疫力；百合能养阴润肺、清心安神；枸杞子能滋补肝肾、益精明目。搭配食用，效果更佳。

主料

红腰豆 100 克
百合 80 克
枸杞子 10 克
香菜叶适量

配料

盐 2 克
香油适量

做法

1. 将红腰豆、枸杞子、香菜叶、百合均洗净。
2. 锅中入水，烧开，分别将红腰豆、百合、枸杞子汆水，捞出，沥干后装盘。
3. 加入盐、香油拌匀，用香菜叶点缀即可。

小贴士

糖尿病患者很适合食用红腰豆。

上汤鸡汁芦笋

10分钟
鲜香可口
滋阴养血

本菜品汤浓味美，鲜香可口，常食具有滋阴养血、瘦身美颜、清热利尿、抵抗癌症的功效。

主料

芦笋300克
竹荪100克
火腿50克
上汤适量
鸡汁适量

配料

盐3克

做法

1. 将芦笋洗净，切成段。
2. 将竹荪泡发，洗净后切片，将芦笋卷好。
3. 将火腿洗净，切片。
4. 锅中倒入上汤，煮沸，下入芦笋竹荪卷、火腿煮熟，加入鸡汁拌匀。
5. 加入盐调味，即可出锅。

小贴士

高血压、高脂血症、动脉硬化患者宜食用芦笋。

芦笋百合炒瓜果

7 分钟
清新爽脆
排毒瘦身

无花果能健胃清肠、消肿解毒；百合能养心安神、润肺止咳；芦笋能瘦身美容、降低血脂。搭配食用，效果更佳。

主料

无花果 100 克
百合 100 克
芦笋 200 克
冬瓜 200 克
胡萝卜块适量

配料

油适量
香油适量
盐适量

做法

1. 将芦笋洗净，切斜段，下入开水锅内焯熟，捞出后控水，均匀地摆入盘中。
2. 将鲜百合洗净，掰片。
3. 将冬瓜去皮洗净，切片。
4. 将无花果洗净备用。
5. 将油锅烧热，放入胡萝卜块、冬瓜煸炒，下入百合、无花果炒片刻，下盐，淋入香油，装盘即可。

小贴士

孕妇常食用芦笋有助于腹中胎儿的大脑发育。

豆芽拌荷兰豆

8 分钟
脆嫩鲜香
补气养血

本菜品清醇爽口，脆嫩鲜香，常食具有益脾和胃、生津止渴、清热明目、补气养血的功效。

主料

黄豆芽 100 克
荷兰豆 80 克
菊花瓣 10 克
红甜椒 10 克

配料

盐适量
生抽适量
香油适量

做法

1. 将黄豆芽掐去头、尾，洗净，放入沸水中焯一下，沥干水分，装盘。
2. 将荷兰豆洗净，放入开水中烫熟，切成丝，装盘。
3. 将菊花瓣洗净，放入开水中焯一下。
4. 将红甜椒洗净，切丝。
5. 将盐、生抽、香油调匀，淋在黄豆芽、荷兰豆上拌匀，撒上菊花瓣、红甜椒丝即可。

小贴士

烹调黄豆芽不可加碱，可加入少量醋。

芦笋百合北极贝

11 分钟
清新爽口
滋阴平阳

芦笋能降低血糖、抵抗肿瘤；北极贝能养胃健脾、滋阴平阳；百合能养心安神、润肺止咳。搭配食用，效果更佳。

主料

芦笋 150 克
北极贝 100 克
百合 50 克
红甜椒 10 克

配料

盐 2 克
米醋适量
生抽适量
香油适量

做法

1. 将芦笋洗净，切斜段；将北极贝处理干净，切块；将百合洗净备用；将红甜椒洗净，切条。
2. 将北极贝入开水，焯烫后捞出，沥干；将芦笋、百合、红甜椒分别入沸水中焯至断生，沥干后同北极贝一起装盘。
3. 将盐、米醋、生抽、香油放入小碗拌匀，淋入盘中即可。

小贴士

北极贝本性寒凉，最好避免与一些寒凉的食物同食。

水果沙拉

15分钟
甜酸适口
养颜瘦身

本菜品香味浓郁，甜酸适口，常食具有预防便秘、促进消化、补脾益胃、养颜瘦身的功效。

主料

菠萝300克
椰果100克
红樱桃1颗

配料

盐适量
沙拉酱适量

做法

1. 将菠萝去皮后洗净，放入加了盐的凉开水中浸泡片刻，捞出沥水，切丁。
2. 将红樱桃洗净。
3. 将菠萝丁、椰果放入盘中拌匀，用沙拉酱在水果丁上画大格子。
4. 用红樱桃点缀即可。

小贴士

每次食用菠萝不可过多，否则对胃肠有一定的损害。

鲜果炒鸡丁

10分钟
香甜可口
排毒养颜

本菜品香甜可口，果香浓郁，常食具有益气养血、补肾益精、排毒养颜、生津润燥的功效。

主料

鸡脯肉 350 克
木瓜丁 50 克
火龙果 50 克
哈密瓜丁 50 克
淀粉适量
黄瓜片适量

配料

盐适量
油适量
白糖适量
料酒适量

做法

1. 将火龙果剖开，挖出果肉，切丁。
2. 将鸡脯肉洗净，切丁，加盐和料酒腌渍入味，再加淀粉上浆，用热油将鸡丁滑熟倒出备用。
3. 将油烧热，下入鸡丁和水果丁，放料酒、盐和白糖炒匀，装盘，饰以黄瓜片即可。

小贴士

如果哈密瓜瓜身坚实微软，成熟度则比较适中。

鲜果沙拉

7 分钟
酸甜爽口
排毒养颜

本菜品造型美观，酸甜爽口，常食具有排毒养颜、降低血压、生津润燥、解热除烦的功效。

主料

哈密瓜 1 个
橘子 20 克
猕猴桃 100 克
苹果 100 克
樱桃 30 克
葡萄 30 克
红甜酒适量

配料

沙拉酱适量

做法

1. 将樱桃、葡萄洗净。
2. 将苹果、猕猴桃及橘子去皮，去籽，切成块备用。
3. 将哈密瓜洗净，自蒂头下 1/3 处横切开，用挖球器或小汤匙挖出果肉，放回哈密瓜盅内，加入所有水果，淋上红甜酒，食用时蘸上沙拉酱即可。

小贴士

受到损伤后的哈密瓜很容易变质腐烂，不能储藏。

田园鲜蔬沙拉

5分钟
香甜美味
清热解毒

小黄瓜能清热解毒、降低血糖；甜椒能降脂减肥、防癌抗癌；葡萄干能补血养颜、增强免疫力。搭配食用，效果更佳。

主料

小黄瓜 50 克
红甜椒 20 克
黄甜椒 20 克
苜蓿芽 50 克
葡萄干 10 克
鲜奶适量

配料

蛋黄沙拉酱 10 克
白醋适量

做法

1. 将小黄瓜洗净，以波浪刀切片。
2. 将苜蓿芽洗净，沥干水分后备用。
3. 将蛋黄沙拉酱、白醋、鲜奶放入小碗中，搅拌均匀做成沙拉酱备用。
4. 将红甜椒、黄甜椒分别去蒂及籽，洗净，切条，排入盘中，加入小黄瓜及苜蓿芽，淋上调好的沙拉酱，撒上葡萄干即可。

小贴士

糖尿病患者禁食葡萄干。

鸡爪煲大豆

100分钟
汤浓味美
美容养颜

本菜品汤浓味美，皮滑肉烂，常食具有益气养血、补肾益精、美容养颜、增强免疫力的功效。

主料

黄豆100克
鸡腿150克
鸡爪150克
姜10克
葱花适量

配料

盐适量

做法

1. 将黄豆、鸡腿、鸡爪清洗干净，下入开水锅中焯水。
2. 将姜洗净，切片。
3. 将黄豆、鸡腿、鸡爪移入煲锅，放入姜片，大火烧开后，改小火煲1.5小时。
4. 最后调入盐，撒上葱花即可。

小贴士

应选用色泽洁白、质地肥嫩的肉鸡鸡爪。

手抓羊羔肉

20分钟
鲜嫩爽滑
补中益气

羊羔肉能补中益气、开胃健力；胡萝卜能健胃消食、抵抗癌症；红甜椒能温中健脾、散寒除湿。搭配食用，效果更佳。

主料

羊羔肉 400 克
胡萝卜 200 克
香菜段适量
红甜椒丝适量

配料

盐 3 克
油适量

做法

1. 将羊羔肉洗净，切块。
2. 将胡萝卜洗净，切片。
3. 将香菜段、红甜椒丝洗净备用。
4. 将油锅烧热，加入羊羔肉和胡萝卜翻炒，加少量水煮熟后加盐调味。
5. 起锅装盘，撒上香菜、红甜椒丝即可。

小贴士

常吃羊羔肉对提高人体素质及抗病能力十分有益。

珍珠米圆

140 分钟
软糯松泡
润肤养颜

本菜品晶莹洁白，如颗颗珍珠，软糯松泡，鲜美可口，常食具有健脾养胃、补虚养血、滋阴润燥、润肤养颜的功效。

主料

猪瘦肉 400 克
苦瓜 350 克
糯米 250 克
鱼肉 300 克
猪肥肉 90 克
荸荠 90 克
葱花适量
姜末适量
淀粉适量
芹菜叶适量

配料

料酒适量
盐适量

做法

1. 将猪瘦肉洗净后剁蓉；将猪肥肉洗净，切丁；将荸荠去皮，洗净后切丁；将糯米洗净后浸泡 2 小时，沥干备用；将鱼肉洗净，剁成蓉；将芹菜叶洗净备用；将苦瓜洗净，切圈，去籽和瓜瓤，焯熟后取出，放于盘中。
2. 将猪瘦肉蓉和鱼肉蓉放入钵内，加入盐、料酒、淀粉、葱花、姜末和清水拌匀，搅拌至发黏上劲，然后加入肥肉丁和荸荠丁拌匀待用。
3. 将肉蓉挤成肉丸，将肉丸放在糯米上滚动使其粘匀糯米，再逐个摆在蒸笼内，蒸 15 分钟取出，置于苦瓜圈上，饰以芹菜叶即可。

小贴士

胃肠消化功能弱者不宜食用糯米。

猪蹄扒茄子

45分钟
鲜香美味
护肤美容

猪蹄能护肤美容、延缓衰老；茄子能清热活血、增强免疫力；胡萝卜能补中益气、健胃消食。搭配食用，效果更佳。

主料

猪蹄 300 克
茄子 200 克
胡萝卜 50 克
芹菜叶适量

配料

盐 3 克
醋适量
酱油适量
红油适量
油适量

做法

1. 将猪蹄处理干净，斩件。
2. 将胡萝卜洗净，切块。
3. 将茄子去皮，洗净，改花刀，入油锅中炸至金黄色，装盘。
4. 将猪蹄入锅炸至金黄色，放入胡萝卜炒匀，加调味料及水焖煮半小时，捞出摆在茄子上。
5. 淋上原汤，饰以芹菜叶即可。

小贴士

最好挑选有筋的猪蹄，其美容养颜的作用更显著。

椰芋鸡翅

30 分钟
绵甜香糯
补血养颜

本菜品口感细软，绵甜香糯。芋头和补虚益气的鸡翅搭配，味道鲜香，有补血养颜、强身健体的功效。

主料

芋头 100 克
鸡翅 200 克
香菇 20 克
椰奶适量
水淀粉适量
黄瓜片适量
胡萝卜片适量

配料

盐适量
白糖适量
油适量

做法

1. 将香菇洗净。
2. 芋头去皮，洗净切块。
3. 将鸡翅洗净，用盐腌 20 分钟。
4. 将芋头、鸡翅入油锅中炸至金黄捞出。
5. 将香菇入油锅爆香，加白糖、椰奶煮开，再加入芋头及鸡翅焖至汁干，水淀粉勾芡，再放上黄瓜片、胡萝卜片装饰即可。

小贴士

芋头切口处的汁液如果呈现粉质，则肉质香脆可口。

贵妃鸡翅

30分钟
软滑爽嫩
护肤养颜

本菜品口感筋柔，软滑爽嫩，常食具有温中益气、补精填髓、护肤养颜、强腰健胃的功效。

主料

鸡翅 300 克
姜末 10 克
葱末 10 克
芹菜叶适量

配料

酱油适量
料酒适量
油适量

做法

1. 将鸡翅洗干净，加酱油、料酒、姜、葱腌入味。
2. 将芹菜叶洗净备用。
3. 将鸡翅入油锅中炸至金黄色。
4. 捞起沥油，摆盘，饰以芹菜叶即可。

小贴士

最好选用嫩仔鸡翅，这样做出的菜品会更美味。

橘香羊肉

30分钟
鲜香可口
美容养颜

本菜品造型美观，鲜香可口，常食具有健脾和胃、美容养颜、补气滋阴、暖中补虚的功效。

主料

羊柳300克
橘子6个
蒸肉粉100克

配料

盐适量
豆瓣酱30克

做法

1. 将羊柳切片，用盐腌至入味。
2. 将橘子中间掏空，备用。
3. 将羊柳加入豆瓣酱拌匀，加入蒸肉粉待用。
4. 将拌好的羊柳放入橘子中入笼蒸熟，取出装盘即可。

小贴士

在吃羊肉的同时应注意多吃点清热去火的清淡食品。

鸡丝炒百合

12 分钟
鲜香美味
补血养颜

鸡脯肉能温中补脾、增强体力；百合能润肺止咳、宁心安神；黄花菜能补血养颜、健脑益智。搭配食用，效果更佳。

主料

鸡脯肉 200 克
鲜百合 50 克
黄花菜 200 克

配料

盐 2 克
黑胡椒末适量
油适量

做法

1. 将鸡脯肉洗净，切丝。
2. 将百合洗净，剥瓣，去除老边和心。
3. 将黄花菜去蒂头，洗净。
4. 将油锅烧热，先下鸡丝拌炒，续下黄花菜、百合，加入调味料，并加入两大匙水，快速翻炒，待百合呈半透明状即可。

小贴士

哺乳期妇女食用黄花菜可起到通乳下奶的作用。

黄瓜烧鹅肉

17 分钟
外酥里嫩
排毒养颜

本菜品鲜嫩爽滑，肉质外酥里嫩，常食具有清热排毒、补阴益气、补血养颜、延缓衰老的功效。

主料

鹅肉 100 克
黄瓜 120 克
黑木耳 50 克
淀粉适量
姜适量
红甜椒条适量

配料

盐适量
料酒适量
油适量
香油适量

做法

1. 将鹅肉、黄瓜洗净后切块。
2. 将姜去皮，切片。
3. 将黑木耳洗净后泡发，切成小片。
4. 将鹅肉汆水；烧锅下油，放入姜、红甜椒条、黄瓜、鹅肉爆炒，调入盐、料酒，下入黑木耳炒透，用淀粉勾芡，淋上香油即可。

小贴士

干的黑木耳比新鲜黑木耳更安全。

木瓜炖鹌鹑蛋

25 分钟
香甜美味
美容养颜

木瓜能美容养颜、增强免疫力；鹌鹑蛋能补益气血、强身健脑；红枣能健脾补血、补血养颜。搭配食用，效果更佳。

主料

木瓜 1 个
鹌鹑蛋 4 个
红枣 10 克
银耳 10 克

配料

冰糖 20 克

做法

1. 将银耳泡发，洗净后撕碎。
2. 将鹌鹑蛋煮熟，去壳后洗净；红枣洗净。
3. 将木瓜洗净，中间挖洞，去籽，放进冰糖、红枣、银耳、鹌鹑蛋，装入盘。
4. 蒸锅上火，把盘放入蒸锅内，蒸约 20 分钟至木瓜软熟，取出即可。

小贴士

鹌鹑蛋对贫血、月经不调的女性，其调补、养颜、美肤功用尤为显著。

蔬菜海鲜汤

40 分钟
汤浓味美
通乳抗毒

本菜品汤浓味美，鲜香可口，常食具有补肾壮阳、通乳抗毒、降低血压、增强免疫力的功效。

主料

虾 30 克
鱼肉 30 克
西蓝花 30 克
胡萝卜块适量

配料

盐适量

做法

1. 将虾处理干净；将鱼肉处理干净后切块；将西蓝花洗净，切块。
2. 将适量清水放入瓦煲内，煮沸后放入虾、鱼肉、西蓝花、胡萝卜块，大火煲沸后，改用小火煲 30 分钟即可。
3. 加盐调味，即可食用。

小贴士

西蓝花煮后颜色会更加鲜艳。

海鲜爆荷兰豆

10分钟
清醇爽口
养颜补血

虾肉能益气滋阴、开胃化痰；墨鱼能补血养颜、理气健胃；荷兰豆能益脾和胃、生津止渴。搭配食用，效果更佳。

主料

鲜虾150克
墨鱼150克
鲜鱿鱼150克
荷兰豆100克
红甜椒适量

配料

盐3克
油适量
香油适量
蒜油适量

做法

1. 将鲜虾处理干净，汆熟，取虾肉；将鲜鱿鱼洗净，切块，再改切麦穗花刀；将墨鱼处理干净；将荷兰豆洗净，择去头尾，焯熟；将红甜椒洗净，切片。
2. 将油锅烧热，放入虾肉、鲜鱿鱼、墨鱼，炒至将熟，下入红甜椒、荷兰豆、香油、蒜油、盐炒匀，出锅装盘即可。

小贴士

优质的墨鱼带有海腥味，但没有腥臭味。

保肝解毒这样吃

肝是人体最大的消化器官，具有代谢、贮存、解毒和分泌胆汁等多种重要的物质代谢功能。肝的重要性不言而喻，因此通过饮食护肝显得尤为重要。

泡萝卜条

⏲ 2天
酸甜味美
☺ 排毒养颜

本菜品清醇爽口，酸甜味美，常食具有健胃消食、解毒生津、利尿通便、抵抗癌症的功效。

主料

白萝卜 300 克
胡萝卜 300 克
姜 10 克
蒜 10 克
香菜适量
黄瓜片适量
红椒 1 个

配料

盐 3 克
白醋适量
砂糖适量

做法

1. 将白萝卜、胡萝卜洗净，去皮后切条；将姜洗净，切片；将蒜去皮，切粒；将红椒去蒂后洗净。
2. 将切好的萝卜条放入碗中，加入姜片、蒜粒，调入盐、白醋、砂糖拌匀。
3. 将调好味的萝卜条和红椒放入钵内，加入凉开水至盖过面，密封腌渍 2 天，取出后，撒上香菜，饰以黄瓜片即可。

小贴士

白萝卜为食疗佳品，可辅助治疗多种疾病。

冬笋烩豌豆

10 分钟
鲜嫩爽滑
保肝护肝

香菇能保护肝脏、降低血脂；冬笋能养肝明目、滋阴凉血；西红柿能减肥瘦身、消除疲劳。搭配食用，效果更佳。

主料

香菇 100 克
豌豆 100 克
冬笋 50 克
西红柿 50 克
姜片 5 克
葱段 5 克
水淀粉 15 毫升

配料

盐 3 克
油适量
香油适量

做法

1. 将豌豆洗净，沥干水。
2. 将香菇、冬笋洗净，切小丁。
3. 将西红柿面上划十字花刀，放入沸水中烫一下，捞出后撕去皮，切小丁。
4. 将锅置于大火上，加油，烧至五成热时，爆香姜片、葱段，放入豌豆、冬笋丁、香菇、西红柿丁炒匀，放盐调味，以水淀粉勾薄芡，淋上香油即可。

小贴士

香菇的味道很鲜，与其他食物一起烹饪时风味极佳。

烩羊肉

70 分钟
鲜香爽滑
温补气血

羊肉能暖中祛寒、温补气血；西红柿能健胃消食、祛斑美白；洋葱能降低血压、提神醒脑。搭配食用，效果更佳。

主料

羊肉 400 克
胡萝卜 300 克
西红柿 200 克
洋葱 100 克
水淀粉适量
香菜叶适量

配料

酱油适量
盐适量
油适量

做法

1. 将羊肉、胡萝卜均洗净，切块后分别焯水。
2. 将西红柿剥去外皮，切块。
3. 将洋葱剥皮，洗净后切块。
4. 烧热油，加入西红柿块、羊肉块、胡萝卜、酱油、水炒匀，焖煮 1 小时后再加入洋葱、盐，翻炒至汤汁快干时用水淀粉勾芡，装碗，撒上香菜叶即可。

小贴士

羊肉热量比牛肉要高，是秋冬御寒和进补的重要食物。

蒜香烧青椒

7分钟
鲜香爽脆
保护肝脏

本菜品清醇爽口，常食具有增进食欲、瘦身美容、保护肝脏的功效。

主料

青甜椒 200 克
红甜椒 20 克
蒜适量

配料

盐适量
酱油适量
油适量

做法

1. 将青甜椒洗净，去籽，切成长条。
2. 将红甜椒洗净，去籽后切丁。
3. 将蒜去皮，剁成蓉。
4. 将油锅烧热，下入青甜椒炒至断生，加入蒜蓉、盐炒匀。
5. 出锅后加入酱油拌匀，撒上红甜椒丁即可。

小贴士

做凉拌菜时加入一些蒜泥，可使香辣味更浓。

土豆炒甜椒

7 分钟
鲜嫩爽滑
润肠排毒

本菜品鲜嫩爽滑，美味可口，常食具有通便排毒、健脾和胃、降低血脂、防癌抗癌的功效。

主料

土豆 200 克
红甜椒 50 克
青甜椒 50 克

配料

盐适量
酱油适量
油适量

做法

1. 将土豆去皮，洗净，切片。
2. 将红甜椒、青甜椒洗净，切块。
3. 锅中倒入油，烧热，放入土豆、红甜椒、青甜椒翻炒。
4. 调入盐、酱油，炒熟即可。

小贴士

土豆对调解消化不良有特效。

香菇拌豆角

30 分钟
鲜香美味
益肝健胃

豆角能益气健脾、调和脏腑；香菇能降低血压、增强免疫力；玉米笋能益肝健胃、护肤养颜。搭配食用，效果更佳。

主料

嫩豆角 300 克
香菇 60 克
玉米笋 100 克

配料

白糖 3 克
盐适量
香油适量

做法

1. 将香菇洗净后泡发，切丝，煮熟，捞出晾凉。
2. 将豆角洗净后切段，烫熟，捞出备用。
3. 将玉米笋切成细丝烫熟，捞出放入盛豆角段的盘中，再将煮熟的香菇丝放入，加入盐、白糖拌匀，腌 20 分钟，淋上香油即可。

小贴士

应选用豆条粗细均匀、色泽鲜艳且籽粒饱满的豆角。

红椒大豆

10分钟
清醇爽口
清热解毒

本菜品清醇爽口，常食具有增进食欲、清热解毒、健脑益智的功效。

主料

黄豆 400 克
红甜椒 20 克
青甜椒 20 克
蒜片适量
姜末适量

配料

盐 3 克
油适量

做法

1. 将红甜椒、青甜椒洗净后切丁。
2. 将锅中水煮开，放入黄豆过水煮熟，捞起沥水。
3. 锅中入油，放入蒜片、姜末爆香，加入黄豆、红甜椒、青甜椒炒熟，调入盐，炒匀即可。

小贴士

烹饪黄豆时宜高温煮烂，且黄豆不宜食用过多。

香菇豆腐丝

10 分钟
鲜嫩可口
健脾和胃

豆腐丝能补钙强身、保护心脏；香菇能降压降脂、增强免疫力；红甜椒能健脾和胃、抵抗肿瘤。搭配食用，效果更佳。

主料

豆腐丝 200 克
香菇 150 克
红甜椒 50 克

配料

白糖 5 克
盐适量
油适量

做法

1. 将豆腐丝洗净，稍烫，捞出后晾凉，切段，放入盘内，加入盐、白糖拌匀。
2. 将香菇洗净后泡发，捞出去柄，切成细丝。
3. 将红甜椒去蒂和籽，洗净，切成细丝。
4. 将油烧热，入香菇丝和红甜椒丝，炒香，将香菇、红甜椒丝倒在腌过的豆腐丝上，拌匀。

小贴士

豆腐丝有助于预防和抵制肝功能的疾病，肝功能不良者可适量多食用。

拌神仙豆腐

8 分钟
鲜香爽滑
排毒养颜

本菜品鲜香爽滑，清香味浓，常食具有排毒养颜、预防便秘、补钙强身、提神醒脑的功效。

主料

神仙豆腐 400 克
红甜椒块 20 克
葱 3 克

配料

盐 2 克
香油适量

做法

1. 将葱洗净后，切成葱花备用。
2. 锅内加水，烧沸，下入神仙豆腐稍焯后捞出，装入碗内。
3. 将神仙豆腐内加入红甜椒块、葱花、香油、盐，拌匀即可。

小贴士

神仙豆腐有助于防治肝炎、肺热引起的各种症状。

豆腐鲜汤

10分钟
鲜香味美
保肝护肝

豆腐能保肝护肝、延年益寿；草菇能滋阴壮阳、增强免疫力；西红柿能健胃消食、祛斑美白。搭配食用，效果更佳。

主料

豆腐 200 克
草菇 150 克
西红柿 100 克
葱适量
姜适量

配料

盐 3 克
香油适量
生抽适量

做法

1. 将豆腐洗净后切成片状；将西红柿洗净，切片；将葱洗净切成葱花；将姜洗净后切片；将草菇洗净。
2. 将锅中水煮沸后，放入豆腐、草菇、姜片，调入盐、香油、生抽煮熟。
3. 再下入西红柿煮约 2 分钟后，撒上葱花。

小贴士

多食用豆腐可补充雌性激素，对更年期女性有帮助。

6 分钟
鲜嫩爽滑
增强免疫力

白果豆腐

本菜品造型美观，鲜嫩爽滑，常食具有保护肝脏、补脑益智、降低血压、增强免疫力的功效。

主料

豆腐 300 克
白果 50 克
红甜椒粒 5 克
菜心粒 10 克
叉烧粒 10 克
香菇粒 10 克
蒜蓉 5 克

配料

白糖 5 克
盐适量
生抽适量
油适量

做法

1. 将豆腐洗净，切成薄片，摆成圆形，入锅后用淡盐水蒸热。
2. 将白果洗净。
3. 将锅中油烧热，爆香蒜蓉，加入白果、叉烧粒、红甜椒粒、菜心粒、香菇粒，调入白糖、盐、生抽炒匀，起锅后倒在豆腐上。

小贴士

熟白果的毒性较小，可适量食用。

酱汁豆腐

12 分钟
香嫩爽滑
抵抗病毒

本菜品色泽金黄，香嫩爽滑，常食具有清热润燥、保肝护肝、抵抗病毒、美白养颜的功效。

主料

石膏豆腐 250 克
生菜 20 克
西红柿汁适量
淀粉适量

配料

白糖 3 克
红醋适量
油适量

做法

1. 将豆腐洗净，切条，均匀裹上淀粉。
2. 将生菜洗净，垫入盘底。
3. 热锅下油，放入豆腐条炸至金黄色，捞出后放在生菜上。
4. 热锅再次放入油，放入西红柿汁炒香，加入少许水、红醋、白糖，用淀粉勾芡，起锅淋在豆腐上即可。

小贴士

生菜有助于缓解眼睛干涩与疲劳，常用眼的人可以经常食用生菜。

白菜豆腐汤

18 分钟
清淡爽滑
润肠排毒

本菜品清淡爽滑，味道鲜美，常食具有促进消化、护肤养颜、润肠排毒、延年益寿的功效。

主料

小白菜 100 克
豆腐 50 克
红甜椒丝适量

配料

盐适量
香油适量

做法

1. 将小白菜洗净，切段。
2. 将豆腐洗净，切成小块。
3. 锅中注适量水，烧开，放入小白菜、豆腐煮开。
4. 调入盐煮匀，淋入香油，装碗，放入红甜椒丝即可。

小贴士

多吃豆腐，尤其是冻豆腐，对减肥很有帮助。

竹笋炒肉丝

15分钟
鲜香爽滑
滋阴润燥

竹笋能清热化痰、益气和胃；猪瘦肉能补肾养血、滋阴润燥；红甜椒能健脾和胃、防癌抗癌。搭配食用，效果更佳。

主料

竹笋 300 克
猪瘦肉 200 克
红甜椒适量
高汤适量

配料

盐适量
香油适量
油适量

做法

1. 将红甜椒去蒂，洗净后切丝。
2. 将竹笋洗净，切条。
3. 将猪瘦肉洗净，切丝。
4. 锅中倒油，烧热，爆香红甜椒，放入肉丝及笋丝拌炒，加入高汤、盐，以小火炒至入味，淋上香油即可盛盘。

小贴士

竹笋不能生吃，单独烹调时有苦涩味。

醉肚尖

20 分钟
鲜香美味
补虚强身

本菜品酒香四溢，鲜香美味，具有补虚强身、健脾益胃、补气解热的功效，很适于气血虚损、身体瘦弱者食用。

主料

肚尖 400 克
葱 15 克
姜 20 克

配料

八角 10 克
盐适量
白糖适量
加饭酒适量

做法

1. 将葱洗净，切段；将姜洗净，切片；将肚尖洗净，焯水，然后投入沸水锅中加部分葱段、姜片、八角煮熟待用。
2. 将加饭酒、盐、葱段、姜片、白糖、八角熬制成醉卤。
3. 将煮熟的肚尖浸入醉卤中，密封，入味后取出，切块并装盘。

小贴士

肚尖不适宜保存，应随买随吃。

猪肝拌黄瓜

15 分钟
鲜香脆嫩
补肝养血

本菜品鲜香脆嫩，常食具有补肝养血、保护眼睛、利水利尿、清热解毒的功效。

主料

猪肝 300 克
黄瓜 200 克

配料

盐 2 克
醋适量
酱油适量
香油适量

做法

1. 将黄瓜洗净，切成小条。
2. 将猪肝洗净，切小片，放入开水中汆熟，捞出后沥干水。
3. 将黄瓜摆在盘内，放入猪肝，加入盐、酱油、醋、香油，拌匀即可。

小贴士

食用猪肝应适量，食用过多易导致中毒。

菠菜炒猪肝

13 分钟
鲜香脆嫩
养护肝脏

本菜品鲜香脆嫩，常食具有养护肝脏、补血养颜、预防便秘、延缓衰老的功效。

主料

猪肝 300 克
菠菜 300 克

配料

盐适量
白糖适量
油适量
料酒适量

做法

1. 将猪肝洗净，切片，加入料酒腌渍。
2. 将菠菜洗净后切段。
3. 将油锅烧热，放入猪肝，以大火炒至猪肝片变色，盛起；锅留底油继续加热，放入菠菜略炒一下，加入猪肝、盐、白糖炒匀即可。

小贴士

正常的猪肝颜色紫红且有光泽，用手触摸有弹性，没有脓肿和硬块。

莲子茯神猪心汤

35 分钟
鲜香脆嫩
补肝养血

猪心能安神定惊、养心补血；莲子能健脾补胃、滋补元气；茯神能宁心安神、健脾利湿。搭配食用，效果更佳。

主料

猪心 1 个
莲子 200 克
茯神 25 克
葱段适量

配料

盐 3 克

做法

1. 将猪心入开水中氽烫去血水，捞出，再放入清水中洗干净。
2. 将莲子、茯神洗净后入锅，加适量水熬汤，以大火煮开后转小火煮 30 分钟。
3. 将猪心切片，放入锅中，煮至熟，加入葱段、盐即可。

小贴士

猪心通常有股异味，如果处理不好，菜肴的味道会大打折扣。

清炖牛肉

70 分钟
鲜香可口
增强免疫力

牛肉能补脾益胃、补虚养血；白萝卜能解毒生津、利尿通便；胡萝卜能健胃消食、增强免疫力。搭配食用，效果更佳。

主料

牛肉 400 克
白萝卜 100 克
胡萝卜 100 克
葱适量
香菜段适量
姜片适量
清汤适量

配料

盐适量
油适量
料酒适量

做法

1. 将牛肉洗净，汆水。
2. 将白萝卜、胡萝卜洗净后切块。
3. 将葱洗净并切段。
4. 将油锅烧热，爆香姜片，注入清汤，下入牛肉块炖煮30 分钟，调入盐、料酒，加入白萝卜、胡萝卜炖煮30 分钟，撒上葱段和香菜段即可。

小贴士

不宜食用反复加热的牛肉食品。

鱼香羊肝

20 分钟
酸甜美味
养肝补血

本菜品酸甜美味，鲜香可口，常食具有增进食欲、养肝补血、暖脾益胃、促进新陈代谢的功效。

主料

羊肝 200 克
姜片 5 克
蒜片 5 克
葱花 5 克
红甜椒片适量
淀粉适量

配料

盐适量
酱油适量
白糖适量
陈醋适量
料酒适量
油适量

做法

1. 将羊肝洗净，切片，加入盐、料酒、酱油腌制入味。
2. 将油锅烧热，放入羊肝滑散后捞出。
3. 油锅爆香姜片、蒜片、红甜椒片，加入羊肝、白糖，下入陈醋，用淀粉勾芡起锅。
4. 撒上葱花即可。

小贴士

羊肝含胆固醇高，高脂血症患者应忌食羊肝。

青蓉蟹腿肉

10分钟
清醇爽口
保肝排毒

蟹腿肉能清热解毒、养筋活血；鸡蛋能滋阴润燥、保护肝脏；黄瓜能清热解毒、除烦止渴。搭配食用，效果更佳。

主料

蟹腿肉150克
鸡蛋2个
黄瓜适量
胡萝卜丁适量
樱桃适量
香橙片适量
白果适量

配料

盐适量
沙拉酱适量

做法

1. 将蟹腿肉洗净；将黄瓜洗净，一部分切丁，一部分切片摆盘；将樱桃洗净对切，摆盘；将白果焯熟，和香橙片一起摆盘。
2. 锅内注水，煮沸，加入盐，放入蟹腿肉汆熟，捞起后沥水；将鸡蛋煮熟，剥壳后取蛋白切碎。
3. 将蟹腿肉、黄瓜丁、胡萝卜丁、蛋白一同装盘，加入沙拉酱拌匀即可。

小贴士

螃蟹富含蛋白质和人体必需的营养素，有很好的滋补作用。

盐水浸蛤蜊

35分钟
清淡爽口
防癌抗癌

本菜品清淡爽口，常食具有滋阴生津、利尿化痰、防癌抗癌的功效。其中的冲菜清脆爽口，可促进胃肠消化功能。

主料

蛤蜊400克
粉丝20克
青甜椒30克
红甜椒30克
姜10克
冲菜20克

配料

盐3克
油适量

做法

1. 将蛤蜊处理干净；将粉丝泡发；将冲菜切丝；将姜去皮后切片；将青甜椒、红甜椒去蒂和籽，切细条。
2. 锅中放入清水，加入蛤蜊煮熟，沥干。
3. 将油烧热，爆香姜片、冲菜丝，加入清水，放入蛤蜊、粉丝，调入盐，煮至粉丝软熟、蛤蜊入味，出锅装盘，撒上青甜椒条、红甜椒条。

小贴士

绿豆粉丝质量较好，煮时不易烂，口感最为滑腻。

扁豆莲子鸡汤

45 分钟
鲜香味美
增强体力

扁豆能健脾除湿、补血养颜；莲子能健脾益胃、滋补元气；鸡腿能温中益气、增强体力。搭配食用，效果更佳。

主料

扁豆 100 克
莲子 40 克
鸡腿 300 克
丹参 10 克
山楂 10 克
当归尾 10 克

配料

盐 2 克
米酒适量

做法

1. 将鸡腿洗净切块；将丹参、山楂、当归尾放入棉布袋，与清水、鸡腿、莲子放入锅中，大火煮沸，转小火续煮 30 分钟。
2. 将扁豆洗净后沥干，放入锅中与其他材料混合，续煮 15 分钟至扁豆熟软。
3. 取出棉布袋，加入盐、米酒后关火即可。

小贴士

扁豆的储存时间不宜长，购买后要尽快食用。

鸡肝百合汤

10分钟
清香可口
补肝益肾

鸡肝能补肝益肾、增强免疫力；百合能清热润燥、美容养颜；笋片能清热化痰、益气和胃。搭配食用，效果更佳。

主料

鸡肝150克
百合100克
笋片50克
枸杞子5克
高汤适量
香菜段适量

配料

盐适量

做法

1. 将鸡肝汆水，切片后备用。
2. 将百合、笋片、枸杞子洗净备用。
3. 炒锅上火，倒入高汤，下入鸡肝、百合、笋片、枸杞子烧沸，调入盐，煲至入味。
4. 撒上香菜即可。

小贴士

贫血者和常在电脑前工作的人很适合食用鸡肝。

油鸭扣冬瓜

25分钟
爽滑鲜香
排毒瘦身

油鸭有补中益气、补虚养胃的作用；冬瓜是清热利尿、减肥瘦身的佳品。两者搭配食用，不仅能解鸭肉之油腻，还有排毒瘦身的功效。

主料

冬瓜 80 克
油鸭腿 2 只
火腩 200 克
姜丝 5 克
上汤适量
水淀粉适量
芹菜叶适量
黄瓜片适量
冰水适量

配料

油适量
盐适量

做法

1. 将冬瓜、火腩洗净后切块。
2. 将油鸭腿斩件。
3. 将冬瓜油炸后过冰水，用油鸭夹件扣入碗内，火腩放上面。
4. 油锅爆香姜丝，加入上汤和盐煲滚，淋入碗内再上锅蒸 20 分钟。
5. 滤出蒸汁，加水淀粉勾芡，淋入碗内，饰以黄瓜片、芹菜叶即可。

小贴士

营养不良、身体虚弱、浮肿者皆宜食用此菜品。

12 分钟
鲜嫩爽滑
益肝补血

甜椒炒鸡肝

本菜品鲜嫩爽滑，常食具有增进食欲、益肝补血、防癌抗癌、增强免疫力的功效。

主料

鸡肝 300 克
青甜椒 40 克
红甜椒 40 克
姜片适量
葱末适量
淀粉适量

配料

盐适量
料酒适量
油适量

做法

1. 将鸡肝洗净，入沸水中汆水，取出切片。
2. 将青甜椒、红甜椒洗净后切块。
3. 起油锅，将鸡肝快速过一下油，捞出。
4. 锅内留油，将青甜椒、红甜椒炒香，下入姜片、鸡肝，用大火翻炒，调入盐、料酒，用淀粉勾薄芡，下入葱末，炒匀装盘即成。

小贴士

病鸡的鸡肝和变色变质的鸡肝切勿食用。

30 分钟
醇厚不腻
滋养五脏

吉祥酱鸭

本菜品酱香油润，醇厚不腻，香鲜美味，常食具有益阴补血、养胃生津、清热利水、滋养五脏的功效。

主料

老鸭 1 只
姜末 10 克
葱末 10 克
黄瓜片适量
胡萝卜片适量
芹菜叶适量

配料

白糖 20 克
盐适量
酱油适量
料酒适量
花椒 10 克

做法

1. 将酱油、花椒、白糖制成酱汁。
2. 将芹菜叶洗净备用。
3. 将老鸭洗净后用盐、料酒、姜、葱腌至入味，晾干，放入酱汁内浸泡至上色，捞起，挂在通风处。
4. 老鸭加入白糖、姜、葱、料酒，上笼蒸熟后斩件，装盘，放上黄瓜片、胡萝卜片、芹菜叶做装饰。

小贴士

鸭子蒸熟捞出，待冷却后再切，以保持鸭形完整。

玉米荸荠鸭

⏲70 分钟
清新爽口
通便排毒

鸭肉能益阴补血、清热利水；玉米能通便排毒、软化血管；荸荠能清热解毒、利尿通便。搭配食用，效果更佳。

主料

老鸭 300 克
猪腿肉 100 克
荸荠 100 克
玉米 150 克
姜片适量
葱段适量
香菜适量

配料

盐 2 克

做法

1. 将老鸭处理干净，切块。
2. 将猪腿肉洗净，切块。
3. 将玉米洗净后切段。
4. 将荸荠洗净，去皮后切块。
5. 将老鸭、猪腿肉、玉米烫熟，取出洗净。
6. 煲中加清水，加入所有材料煮开，改小火煲 1 小时，然后加入盐调味，装碗，撒上香菜即可。

小贴士

荸荠对糖尿病尿多者有一定的辅助治疗作用。

土茯苓煲乳鸽

60分钟
鲜香肉嫩
清热解毒

本菜品鲜香肉嫩，常食具有清热解毒、滋补益气、美容养颜、延年益寿的功效。

主料

乳鸽1只
土茯苓30克
姜10克
葱15克

配料

盐3克
料酒适量

做法

1. 将乳鸽洗净，斩成大块，焯烫去血水。
2. 将土茯苓洗净切片。
3. 将姜去皮，洗净后切片。
4. 将葱洗净，切段。
5. 砂锅中注水，放入乳鸽、土茯苓、姜片煮开，转用小火煲50分钟，加入盐、料酒煮入味，撒上葱段即可。

小贴士

乳鸽的肉厚而嫩，滋味鲜美，滋养作用较强，是不可多得的美味佳肴。

西瓜绿豆鹌鹑汤

90分钟
香甜美味
排毒养颜

西瓜能清热生津、瘦身美容；绿豆能排毒养颜、保护肝脏；鹌鹑肉能消肿利水、补中益气。搭配食用，效果更佳。

主料

西瓜400克
绿豆50克
鹌鹑450克
姜10克

配料

盐适量

做法

1. 将鹌鹑处理干净。
2. 将姜洗净，切片。
3. 将西瓜连皮洗净，切成块状。
4. 将绿豆洗净，浸泡1小时。
5. 将适量清水放入瓦煲内，煮沸后加入以上材料，大火煲滚后，改用小火煲30分钟，加入盐调味即可。

小贴士

挑选西瓜时看西瓜的外形，底部圈圈越小的西瓜越好吃。

荸荠煲乳鸽

40 分钟
汤浓味美
滋补肝肾

荸荠能清热解毒、利尿通便；桂圆能缓解疲劳、补脑益智；乳鸽能滋补肝肾、益气补血。搭配食用，效果更佳。

主料

荸荠 100 克
桂圆 150 克
乳鸽 1 只
红枣 10 克
姜 10 克
高汤适量
枸杞子适量

配料

盐 2 克
香油适量

做法

1. 将荸荠洗净后去皮；将乳鸽去净内脏，洗净；将姜洗净，切片；将桂圆去皮，切块备用。
2. 锅上火，放入适量清水，待水沸，放进乳鸽焯烫，滤除血水。
3. 将砂锅置于大火上，放入高汤、姜片、乳鸽、桂圆、红枣、荸荠、枸杞子，大火炖开后转用小火煲约 30 分钟，调入盐，淋入香油即可。

小贴士

荸荠属于生冷食物，脾肾虚寒和有血淤者忌食。

红枣银耳鹌鹑汤

38 分钟
香浓可口
保护肝脏

鹌鹑肉能补中益气、消肿利水；银耳能润肠益胃、保护肝脏；红枣能养血安神、补脾降压。搭配食用，效果更佳。

主料

鹌鹑 250 克
水发银耳 45 克
红枣 4 颗
枸杞子适量
葱花适量

配料

盐 3 克
白糖 3 克

做法

1. 将鹌鹑洗净，斩块后汆水。
2. 将水发银耳洗净，撕成小朵。
3. 将红枣、枸杞子洗净备用。
4. 净锅上火，倒入水，下入鹌鹑、水发银耳、红枣、枸杞子煲至熟，调入盐、白糖，撒上葱花即可。

小贴士

银耳以耳片色泽呈白色、略带黄色，朵大体轻疏松，肉质肥厚且坚韧有弹性者为佳。

豌豆烧兔肉

15 分钟
鲜香可口
凉血解毒

本菜品肉质细嫩，味道鲜美，常食具有补肝养胃、凉血解毒、健脾宽中、健脑益智的功效。

主料

兔肉 200 克
豌豆 150 克
姜末适量
葱花适量

配料

盐 3 克
油适量

做法

1. 将兔肉洗净，切成大块。
2. 将豌豆洗净备用。
3. 将切好的兔肉入沸水中汆去血水。
4. 锅上火，加油烧热，下入兔肉、豌豆炒熟后，加入姜末、葱花、盐，调味即可。

小贴士

兔肉是肥胖者和心血管疾病患者的理想肉食。

灵芝核桃乳鸽汤

35分钟
汤浓味鲜
补气养血

本汤品汤浓味鲜，常食具有调精益气、滋补肾阴、保肝解毒、健脑益智的功效。

主料

党参 20 克
核桃仁 80 克
灵芝 40 克
乳鸽 150 克
蜜枣 6 颗

配料

盐适量

做法

1. 将核桃仁、党参、灵芝、蜜枣分别用水洗净。
2. 将乳鸽处理干净，斩件。
3. 锅中加水，放入准备好的乳鸽、核桃仁、党参、灵芝、蜜枣，大火烧开，改用小火续煲 30 分钟，加盐调味即可。

小贴士

便秘、糖尿病患者慎食蜜枣。

松子鱼

20 分钟
酥脆甘香
滋补肝肾

本菜品造型美观，酥脆甘香，微甜可口，常食具有增进食欲、美容养颜、润肠通便、延缓衰老的功效。

主料

草鱼 1 条
松子 10 克
干淀粉 40 克
香菜适量

配料

番茄酱 50 克
白糖 30 克
白醋适量
盐适量
油适量

做法

1. 将草鱼洗净，将鱼头和鱼身斩断，在鱼身背部开刀，取出鱼脊骨，将鱼肉改成“象眼”形花刀，拍上干淀粉。
2. 锅中放入油，烧热，将拌有干淀粉的去骨鱼和鱼头放入锅中，炸至金黄色后捞出。
3. 将番茄酱、白糖、白醋、盐调成番茄汁，和松子一同淋于鱼上，撒上香菜即可。

小贴士

炸鱼时油要热，大火炸，以便尽快成形。

榨菜豆腐鱼尾汤

25 分钟
鲜香爽滑
保肝护肝

本菜品汤浓味美，鲜香爽滑，常食具有润燥开胃、补气填精、保肝护肝、延年益寿的功效。

主料

鲩鱼尾 300 克
榨菜 50 克
豆腐 100 克
香菜适量

配料

盐适量
油适量
香油适量

做法

1. 将榨菜洗净，切薄片；将豆腐用清水泡过后倒去水分，撒少许盐稍腌，切成小块备用。
2. 将鲩鱼尾处理干净，用炒锅烧热油，下入鱼尾煎至两面微黄。
3. 另起锅，注入水后煮滚，放入鱼尾、豆腐、榨菜，再次煮沸约 10 分钟，以盐、香油调味，装盘，撒上香菜即可。

小贴士

优质榨菜外表呈青色或淡黄色，有光泽，菜体脆爽且气味浓郁鲜香。

土豆烧鱼

20分钟
鲜美可口
补肝益肾

土豆能健脾和胃、益气调中；鲈鱼能补肝益肾、益脾健胃；红甜椒能增进食欲、防癌抗癌。搭配食用，效果更佳。

主料

土豆200克
鲈鱼200克
红甜椒30克
姜适量
葱适量

配料

盐适量
酱油适量
油适量

做法

1. 将土豆去皮，洗净后切块；将鲈鱼处理干净，切大块，用酱油稍腌；将葱洗净切丝；将红甜椒洗净切小块；将姜洗净后切块。
2. 将土豆、鱼块入烧热的油中炸熟，土豆炸至紧皮时捞出待用。
3. 锅置火上，加油后烧热，爆香葱、姜、红甜椒，下入鱼块、土豆和盐、酱油，烧至入味即可。

小贴士

鲈鱼多为清蒸，以保持其营养价值。

枸杞牛蛙汤

15 分钟
鲜香美味
滋补肝肾

本汤品鲜香美味，常食具有滋补肝肾、强筋壮骨、益气补血、养心安神的功效。

主料

牛蛙 2 只
姜 5 克
枸杞子 10 克

配料

盐适量

做法

1. 将牛蛙处理干净，剁块，汆烫后捞起备用。
2. 将姜洗净，切丝。
3. 将枸杞子以清水泡软。
4. 将锅内加入适量水，煮沸，放入牛蛙、姜丝、枸杞子，水滚后转中火续煮 10 分钟，待牛蛙肉熟透，加盐调味即成。

小贴士

感冒发热、身体有炎症、腹泻的人最好不要吃枸杞子。

草菇虾仁

15 分钟
清淡爽口
护肝健胃

本菜品清淡爽口，鲜香美味，常食具有促进食欲、补脾益气、护肝健胃、强身健体的功效。

主料

虾仁 300 克
草菇 150 克
胡萝卜 100 克
罗勒叶适量

配料

盐 3 克
料酒适量
油适量

做法

1. 将虾仁洗净后拭干，拌入调味料腌 10 分钟。
2. 将草菇洗净，汆烫。
3. 将胡萝卜洗净去皮，切片。
4. 将油烧至七成热，放入虾仁过油，待弯曲变红时捞出，余油倒出，再将胡萝卜片和草菇入油锅炒，然后将虾仁回锅，加入盐、料酒炒匀，盛出，饰以罗勒叶即可。

小贴士

虾肉腌制前可用清水浸泡一会儿，能增加虾肉的弹性。

山药鳝鱼汤

20分钟
汤浓味美
滋补肝肾

鳝鱼能补气补血、滋补肝肾；山药能补脾养胃、生津益肺；枸杞子能保肝护肝、益精明目。搭配食用，效果更佳。

主料

鳝鱼2尾
山药25克
枸杞子5克
葱花2克
姜片2克

配料

盐3克

做法

1. 将鳝鱼处理干净，切段，汆水。
2. 将山药去皮后洗净，切片。
3. 将枸杞子洗净备用。
4. 净锅上火，调入盐、姜片，下入鳝鱼、山药、枸杞子和水煲至熟，撒上葱花即可。

小贴士

鳝鱼最好在宰杀后即刻烹煮食用。

第九章

肾脏排毒这样吃

肾在人体中的主要作用是排泄代谢废物及调节水、电解质及酸碱平衡，并分泌一些激素，以维持机体内环境的稳定及生理功能。在养肾排毒时，可多食用一些利尿的食物。

蟹柳西芹

13分钟
酸脆美味
清热利尿

本菜品清脆爽口，酸脆美味，常食具有润肺止咳、清热利尿、降糖消渴、抵抗肿瘤的功效。

主料

西芹 300 克
蟹柳 100 克

配料

盐 3 克
醋适量
生抽适量
香油适量

做法

1. 将西芹去叶，洗净后切菱形块；将蟹柳洗净，切斜段。
2. 将锅内注入水，用大火烧开，将西芹、蟹柳分别放入锅中烫熟，捞出后沥干备用。
3. 将盐、醋、生抽、香油调成味汁。
4. 将西芹、蟹柳装盘，西芹叠成塔状，以蟹柳装饰塔顶和四周，最后将味汁自塔顶淋下即可。

小贴士

真正好的蟹柳，主要成分是鱼肉，商场销售的一些蟹柳添加了大量的淀粉，选购时注意分辨。

绿豆镶莲藕

80 分钟
甜香爽口
补心益肾

本菜品甜香爽口，常食具有清凉解毒、滋阴养血、利尿明目、补心益肾的功效。

主料

绿豆 60 克
莲藕 2 节

配料

蜂蜜适量

做法

1. 将绿豆淘净，以清水浸泡 1 小时，沥干。
2. 将莲藕洗净，沥干，将藕的一端切开，将绿豆塞入莲藕孔中。
3. 放入蒸锅中蒸 20 分钟取出。
4. 待凉后切厚片，淋上蜂蜜，冰镇后吃更爽口。

小贴士

将绿豆放入莲藕孔的时候，要用筷子压实。

枸杞春笋

10分钟
鲜嫩爽滑
滋补肝肾

本菜品清脆爽口，常食具有补血益气、滋补肝肾、益精明目的功效。

主料

春笋 300 克
枸杞子 25 克
水淀粉适量
葱花适量

配料

盐适量
油适量
白糖适量

做法

1. 将笋去壳、去衣，洗净后切成细丝。
2. 将枸杞子浸透泡软。
3. 将笋丝投入开水锅中焯水后捞出，沥干水分。
4. 锅中加入油，烧热，投入笋丝煸炒，再放入枸杞子、盐、白糖和少量的水烧 1 ~ 2 分钟，最后以水淀粉勾芡，撒上葱花即成。

小贴士

好的春笋为淡淡的青绿色，形状像塔，汁鲜甜，肉呈白色。

酸甜莴笋

10 分钟
甜酸脆嫩
润肠通便

本菜品甜酸脆嫩，清香爽口，常食具有健胃消食、利尿通乳、润肠通便、防癌抗癌的功效。

主料

莴笋 400 克
西红柿 150 克
柠檬汁适量

配料

白糖 10 克
盐适量

做法

1. 将莴笋削皮，切丁，放入沸水略焯。
2. 将西红柿去皮，切块。
3. 将柠檬汁、白糖、盐一起放入碗中调成味汁。
4. 将莴笋、西红柿装盘，淋上味汁拌匀即可。

小贴士

儿童多吃莴笋对生长发育很有益处。

70 分钟
滋阴润燥
壮腰健肾

蜜汁火方

本菜品色泽火红，滋味鲜甜，常食具有滋阴润燥、补气解热、壮腰健肾的功效。

主料

五花肉 400 克
西瓜 400 克
柠檬 100 克
高汤适量

配料

蜂蜜 100 毫升
红糖 200 克
老抽适量

做法

1. 将五花肉洗净后切块；将西瓜瓤挖成圆珠；将柠檬挤汁入碗中。
2. 将五花肉块、蜂蜜、红糖、老抽装入碗中，加入高汤，用中火蒸 1 小时。
3. 用西瓜圆珠伴边，淋上柠檬汁即可。

小贴士

常吃西瓜可使头发秀美稠密，因烫发而发质干枯的人，可多吃西瓜。

三鲜猴头菇

10分钟
鲜嫩爽口
益肾强身

猴头菇能益肾补精、补虚强身；香菇能降低血脂、增强免疫力；荷兰豆能益脾和胃、通利小便。搭配食用，效果更佳。

主料

猴头菇150克
香菇100克
荷兰豆50克
红甜椒适量

配料

盐适量
生抽适量
油适量

做法

1. 将猴头菇、香菇和红甜椒分别洗净，切块。
2. 将荷兰豆去老筋，洗净后切段。
3. 将油锅烧热，放入猴头菇、香菇、荷兰豆炒至断生，加入红甜椒翻炒至熟。
4. 加入盐、生抽调味，起锅盛盘即可。

小贴士

心血管疾病、胃肠疾病患者更应食用猴头菇。

蒜蓉菜心

6 分钟
清爽鲜嫩
清热解毒

本菜品清爽鲜嫩，蒜香怡人，常食具有增进食欲、利尿通便、清热解毒、护肤养颜的功效。

主料

菜心 400 克
蒜蓉 30 克

配料

香油适量
盐适量
油适量

做法

1. 将菜心洗净，放入沸水锅中焯水至熟，捞出备用。
2. 将炒锅注入油，烧热，放入蒜蓉炒香，加入香油、盐，起锅倒在菜心上即可。

小贴士

焯菜心的时间不要太久，否则菜心容易变老，影响口感。

什锦黑木耳

45 分钟
清醇爽口
增强免疫力

黑木耳能润肠通便、养血驻颜；黄瓜能健脑安神、增强免疫力；白萝卜能解毒生津、利尿通便。搭配食用，效果更佳。

主料

黑木耳 50 克
红甜椒 50 克
青甜椒 50 克
黄瓜 50 克
豆芽 50 克
紫甘蓝 50 克
白萝卜 50 克

配料

盐适量
醋适量
生抽适量
香油适量

做法

1. 将黑木耳泡发后洗净，切丝；将红甜椒、青甜椒、黄瓜、紫甘蓝、白萝卜均洗净，切丝；豆芽洗净。
2. 将黑木耳、红甜椒、青甜椒、黄瓜、紫甘蓝、白萝卜、豆芽分别入沸水焯熟，捞出后沥干一起放入碗内。
3. 碗里加入盐、醋、香油、生抽，拌匀即可食用。

小贴士

紫甘蓝含有丰富的色素，是拌沙拉或西餐配色的好原料。

西蓝花炒牛肚

15分钟
嫩滑爽口
补肾填精

牛肚能益脾健胃、补虚强身；西蓝花能降低血压、补肾填精；红甜椒能温中散寒、增进食欲。搭配食用，效果更佳。

主料

牛肚 300 克
西蓝花 100 克
红甜椒 20 克
姜适量
蒜适量

配料

盐 2 克
料酒适量
油适量

做法

1. 将牛肚洗净，切块；将西蓝花洗净，切朵；将红甜椒去蒂和籽，洗净后切块；将姜洗净，切丝；将蒜去皮，洗净后切片。
2. 锅中注水适量，待水沸后放入牛肚、西蓝花焯烫，捞出沥水。
3. 将姜、蒜、红甜椒、料酒入油锅中爆香，加入牛肚和西蓝花同炒，调入盐炒匀即可。

小贴士

牛肚中使用最广泛的是肚领和百叶。

蒜泥白肉

40 分钟
鲜香可口
滋阴润燥

五花肉能补肾养血、滋阴润燥；黄瓜能降低血糖、健脑安神；胡萝卜能补中益气、健胃消食。搭配食用，效果更佳。

主料

五花肉 400 克
黄瓜片 200 克
黄瓜丝 200 克
胡萝卜 100 克
蒜 100 克

配料

生抽适量
红油适量
盐适量

做法

1. 将五花肉洗净，切片；将胡萝卜洗净后切长丝；将蒜洗净后捣成泥。
2. 将五花肉入沸水中烫熟，卷入黄瓜丝和胡萝卜丝，放入笼屉蒸 10 分钟，取出后与黄瓜片一同摆盘。
3. 将蒜泥、生抽、盐和红油做成料汁，食用时蘸食即可。

小贴士

猪肉中有时会有寄生虫，应将猪肉煮熟透后再食用。

板栗红烧肉

40分钟
软糯可口
补虚强身

本菜品软糯可口，常食有养心润肺、补虚强身的作用。其中的板栗营养丰富，对人体具有滋补功能，可辅助治疗肾虚。

主料

板栗 250 克
五花肉 300 克
葱段适量
姜片适量

配料

酱油适量
料酒适量
白糖适量
油适量

做法

1. 将五花肉洗净，切块，汆水后捞出，沥干水。
2. 将板栗煮熟，去壳后取肉备用。
3. 将油锅烧热，投入姜片、葱段爆香，放入肉块，烹入料酒煸炒，再加入酱油、白糖、清水烧沸，撇去浮沫，炖至肉块酥烂，倒入板栗，待汤汁浓稠，拣去葱、姜不用，即可起锅装盘。

小贴士

脾胃虚寒者和便血症患者不宜食用板栗。

卤猪肚

80 分钟
清香爽口
补虚强身

本菜品色泽诱人，清香爽口，韧劲十足，常食具有健脾益胃、补虚强身、缓解疲劳的功效。

主料

猪肚 450 克
蒜 25 克
荆芥叶适量
白萝卜丝适量

配料

盐适量
白糖 5 克
香油适量
生抽适量
桂皮适量
花椒粒适量
小茴香适量

做法

1. 将猪肚处理干净，浸入清水锅中备用。
2. 将花椒粒、桂皮、小茴香装入纱布袋中，然后放入锅中，大火煮滚，加入猪肚煮至熟透，捞出，切条，盛入盘中。
3. 将蒜去皮后洗净，捣成泥状，放入碗中，加入香油、生抽、白糖、盐调匀，淋在猪肚上，用荆芥叶、白萝卜丝装饰即可。

小贴士

处理猪肚时必须去掉内膜和肥肉部分。

夫妻肺片

40 分钟
香嫩味美
滋阴润燥

猪心能安神定惊、养心补血；猪舌能调中下气、滋阴润燥；牛肉能补虚养血、强健筋骨。搭配食用，效果更佳。

主料

猪心 200 克
猪舌 200 克
牛肉 200 克
葱花 10 克
蒜蓉 5 克
白芝麻 3 克
香菜叶 3 克

配料

盐 3 克
卤水适量

做法

1. 将猪心、猪舌、牛肉分别洗净切块，放入开水中焯去血水。
2. 再将猪心、猪舌、牛肉放入烧开的卤水中卤至入味，取出切成片。
3. 将切好的原材料装入碗内，加入葱花、蒜蓉、盐、白芝麻、香菜叶拌匀即可。

小贴士

猪心适宜心虚多汗、惊悸恍惚、失眠多梦之人食用。

麻酱腰花

14 分钟
爽滑鲜嫩
和肾理气

本菜品鲜香爽口，爽滑鲜嫩，常食具有健肾补腰、和肾理气、健脑安神、增强免疫力的功效。

主料

猪腰 250 克
凉粉皮 80 克
黄瓜 150 克

配料

盐 2 克
芝麻酱 20 克
香油适量
白糖适量
醋适量

做法

1. 将黄瓜洗净后切条。
2. 将猪腰处理干净，切花刀，汆熟后用冷开水浸泡。
3. 将凉粉皮切长条，装盘。
4. 加入黄瓜及腰花，淋上用芝麻酱、香油、白糖、醋、盐调匀的酱料。

小贴士

处理猪腰时，要剔除里面白色的筋膜。

醉腰花

12 分钟
酸辣爽口
补肾强腰

猪腰能补虚益气、补肾强腰；生菜能抵抗病毒、增强免疫力；红甜椒能增进食欲、防癌抗癌。搭配食用，效果更佳。

主料

猪腰 550 克
生菜丝 100 克
红甜椒丝适量
葱花适量
蒜泥适量

配料

料酒适量
生抽适量
醋适量
胡椒粉适量
香油适量

做法

1. 将猪腰去腰臊，切成梳子花刀，漂洗干净。
2. 将切好的猪腰放入沸水中汆至断生，捞起，用净水冲凉备用。
3. 将葱花、蒜泥、料酒、生抽、醋、胡椒粉、香油调匀，配制成料汁。
4. 将腰花放入容器，浇入料汁，用生菜丝、红甜椒丝围边即可。

小贴士

猪腰可用于辅助治疗肾虚腰痛、水肿、耳聋等症。

参杞猪腰汤

14 分钟
爽滑鲜嫩
和肾理气

本菜品汤浓味美，常食具有滋补肝肾、益精明目、补虚益气、增强体力的功效。

主料

枸杞子 100 克
鲜猪腰 90 克
党参片 4 克
姜片 3 克
葱花适量
清汤适量

配料

盐 3 克
香油适量

做法

1. 将枸杞子略冲洗净。
2. 将鲜猪腰切片去臊，洗净后切条备用。
3. 净锅上火，倒入清汤，调入盐、姜片、党参烧开，下入枸杞子、鲜猪腰烧沸，打去浮沫，煲至熟，淋上香油，撒上葱花即可。

小贴士

党参切片时应先除去杂质，洗净并润透，切成厚片后干燥即可。

乳鸽三脆汤

40 分钟
汤浓味美
滋补肝肾

乳鸽能清肺顺气、滋补肝肾；猪耳能补虚强身、健脾益胃；牛百叶能补气养血、补虚益精。搭配食用，效果更佳。

主料

乳鸽 1 只
猪耳 100 克
牛百叶 100 克
水发黑木耳 50 克
葱末适量
姜末适量
香菜段适量
红甜椒丝适量
高汤适量

配料

盐适量
油适量

做法

1. 将乳鸽杀洗干净，斩块后汆水。
2. 将猪耳、牛百叶洗净切条。
3. 将黑木耳洗净，撕成小块备用。
4. 炒锅上火，倒入油，将葱、姜爆香，倒入高汤，下入乳鸽、猪耳、牛百叶、黑木耳煲至熟。
5. 调入盐，撒上香菜段、红甜椒丝即可。

小贴士

上等的牛百叶色白略带浅黄，黏液较多，有弹性，无硬块和腐败味。

党参乌鸡汤

60 分钟
汤浓味美
益肝补肾

本汤品汤汁鲜美，肉质香嫩，常食具有益肝补肾、益气养血、强筋健骨、延缓衰老的功效。

主料

乌鸡 1 只
党参 10 克
淮山 10 克
当归片 6 克
枸杞子 5 克
红枣 5 克
姜 10 克
清汤适量

配料

盐 3 克

做法

1. 将党参洗净，切段；将当归片、红枣、淮山、枸杞子洗净；将姜洗净，切片；将乌鸡处理干净，斩块。
2. 锅上火，注入适量清水，水沸后下入乌鸡稍焯，去除血水。
3. 砂锅上火，倒入清汤，放进汆好的乌鸡及党参、枸杞子、淮山、当归、红枣、姜片，炖约 1 个小时，调入盐拌匀即可。

小贴士

乌鸡尤其适宜体虚血亏、肝肾不足、脾胃不健的人食用。

甜椒炒牛肠

15 分钟
鲜香美味
补虚强身

甜椒能增进食欲；牛肠能补虚强身、增强免疫力；黑木耳能润肠通便、养血驻颜。搭配食用，效果更佳。

主料

青甜椒 30 克
红甜椒 30 克
葱 10 克
牛肠 300 克
水发黑木耳 20 克
姜 5 克
蒜 10 克

配料

盐 2 克
油适量

做法

1. 将牛肠洗净，切块；将黑木耳洗净后切块；将青甜椒、红甜椒洗净，切块；将葱洗净，切段；将姜洗净，切片；将蒜去皮，洗净后切片。
2. 将锅中油烧热，放入牛肠翻炒 1 分钟。
3. 加入青甜椒块、红甜椒块，葱段、黑木耳、姜片、蒜片炒匀，调入盐炒匀即可。

小贴士

牛肠很适合身体消瘦、免疫力低下、贫血和水肿的人食用。

姜片海参鸡汤

40 分钟
鲜香可口
滋阴壮阳

本菜品汤浓味美，鲜香可口，常食具有益气养血、增强体力、滋阴壮阳、增强免疫力的功效。

主料

海参 80 克
鸡腿 150 克
姜适量

配料

盐适量

做法

1. 将鸡腿洗净，剁块，汆烫后捞出。
2. 将姜洗净，切片。
3. 将海参处理干净，切大块，汆烫后捞起。
4. 煮锅加入适量水，煮开，加入鸡块、姜片煮沸，转小火炖约 20 分钟，加入海参续炖 10 分钟，再加盐调味即成。

小贴士

发好的海参不能久存，最好不超过 3 天。

千张鸭

70 分钟
鲜香肉嫩
清热利水

本菜品软嫩鲜香，常食具有益阴补血、清热利水、保护心脏、养胃生津的功效。

主料

鸭肉 400 克
千张 300 克
红甜椒适量
葱花适量

配料

八角适量
花椒油适量
盐适量
生抽适量
香油适量

做法

1. 将鸭肉洗净，剁块。
2. 将千张洗净后切丝。
3. 将红甜椒洗净，切丁。
4. 将千张入沸盐水煮熟，摆盘，鸭块汆水后捞出。
5. 将锅中水煮开，放入鸭块、八角煮 1 小时，装盘。
6. 取一小碗放入盐、生抽、香油、花椒油调成料汁，淋入盘中，撒上葱花、红甜椒丁即可。

小贴士

上等的千张皮薄透明，半圆而不破，黄色有光泽，柔软不黏且表面光滑。